U0151218

明清家具鉴赏与研究

田家青　编著

（二）

文物出版社

图书在版编目（CIP）数据

明清家具鉴赏与研究. 二 / 田家青编著. -- 北京 ：
文物出版社，2022.1
　　ISBN 978-7-5010-7341-2

Ⅰ. ①明… Ⅱ. ①田… Ⅲ. ①家具－鉴赏－中国－明
清时代②家具－研究－中国－明清时代 Ⅳ.
①TS666.204.8

中国版本图书馆CIP数据核字(2022)第002028号

明清家具鉴赏与研究（二）

编　　著：田家青

责任编辑：贾东营

责任印制：陈　杰

装帧设计：谭德毅

出版发行：文物出版社

社　　址：北京市东城区东直门内北小街 2 号楼

邮政编码：100007

网　　址：http://www.wenwu.com

经　　销：新华书店

制版印刷：北京雅昌艺术印刷有限公司

开　　本：215×285毫米 1/16

印　　张：17.25

版　　次：2022年1月第1版

印　　次：2022年1月第1次印刷

书　　号：ISBN 978-7-5010-7341-2

定　　价：360.00元

目

录

苏作明式家具的主要特征

田家青

熟悉中国古典家具的人都知道，江苏、广东两地是明清时期最著名的家具产地，制作技艺达到了中国传统木器制作的最高水平，其中尤以苏作明式家具更受现代人青睐。近些年来，越来越多的古典家具研究者、收藏家及爱好者对探讨中国传统家具流派发生兴趣，而考评苏作明式家具的主要特征对中国古典家具流派的研究无疑具有重要意义。加之近十年来，出自各地的苏作明式家具数量已不下千件，为探讨其主要特征提供了一定的实物条件。本文试从用料、造型与装饰、工艺手法三个方面对苏作明式家具的主要特征进行探讨，以期与同好共同切磋。

首先应对"苏作""广作"中"作"字的含义加以说明。"作"字在此处用得很巧：从广义上看，"作"代表的是流派，"苏作"即江苏家具流派；"广作"即广东家具流派。而狭义上，"作"代表的是"作工"。"作工"是旧时木匠常挂在嘴边的一个专用词，它涵盖了家具制作中具体的工艺方法、用料方式、结构和装饰等。本文中所说的"苏作明式家具"是指江苏省地区、自明中期至清前期即明嘉靖至清雍正（1521—1735 年）两百多年间制作的符合某一特定艺术风格的家具。

苏作明式家具的用料特征

苏作明式家具的用料特征涉及用料品种和用料手法两个方面。

一、用料品种

苏作明式家具所用的木料多为黄花梨和榉木，紫檀较少。至于明式铁力木和鸡翅木家具，虽也有少量苏作制品，但其主要产地不在江苏。

对于黄花梨，古玩行中传说有"油香型"和"降香型"两大类。而大量的传世实物表明，明清家具中使用的黄花梨品种至少有四个，相信既有产于国内的，也有进口的。若以纹理及质地辨认其差异则须一定的实践经验，而用文字来表明它们之间的差别，就更非易事。不过，以木材的自然颜色而论，黄花梨基本可分为浅黄、黄、偏红、偏黑四种。

图1a　浅色的木样是一件明式苏作黄花梨官帽椅的大边。木样经打磨后露出木本色，未经落蜡处理。

图1b　偏黑的木样是清中期北方地区制黄花梨隔扇的腿足。木样经打磨后露出木本色，未经落蜡处理。

苏作明式家具使用的黄花梨多为前两种，即浅黄色（图1a）和黄色。偏红色的黄花梨家具制作年代普遍较晚，而偏黑色（图1b）的黄花梨家具不仅年代更晚，而且风格与明式家具出入较大，因此后两种黄花梨家具多不属于我们所定义的苏作明式家具范畴。

榉木也称南榆，产于江苏本地。同属榆木，南榆与北方地区所产的榆木有明显差异。南榆不仅在质地上细润得多，而且纹理秀丽，层层蕴散开来，有"宝塔纹"之美誉。很多南榆家具的造型、品种、式样、结构和作工与苏作明式黄花梨家具十分相似，因此有理由相信它们是同一时期、同一地区的制品。

紫檀的苏作明式家具数量极少。明清家具使用的紫檀至少有三个品种，古玩行和硬木家具行将它们分别称为"金星紫檀""鸡血紫檀"和"花梨纹紫檀"。我们所见到的苏作明式紫檀家具使用的大都是金星紫檀。

二、用料手法

江苏木匠素来享有惜料如金的美誉，更全面和准确些说，江苏工匠善于用料，力求材尽其用，这主要表现在以下几个方面。

1. 讲究量材用料

按传统工艺下料做家具通常有两种方法：

其一，先将众多圆木开成不同厚度的板材，板材的厚度根据圆木的部位来确定，而不是根据明确的家具制作对象确定的。开出的板材采用适宜的方式码放起来，自然风干后备用。在制作家具时，木匠可根据家具部件的尺寸从板材垛中任意精选，选中的材料未必来自同一棵树。这种做法体现了择材施用的理念。

其二，根据每根圆木或板材的形状、尺寸，经过反复计量之后，再决定做什么家具。家具部件的形状可根据已有木料的具体情况设计，开料往往是套裁的，有什么材料做什么家具，有多大材料做多大家具。这种做法体现了因材施工的理念。

据观察，大多数苏作明式家具采用的是第二种方法。由于硬木料珍贵，即使形状不规则、扭曲变形、有空洞、疤痕，也要最大限度地加以利用，以达到材尽其用之目的。也就是在木料已限定的条件下，通过合理下料，尽可能做不浪费任何材料的家具。这有以下几点依据：

首先，经过仔细辨认会发现，多数的苏作明式家具，不论用料多少，同一件家具上的部件多来自同一棵树的木料。

其次，有些较大且弯曲的部件，其木纹都是顺行的，显然是套裁形成。因为若按第一种方法从备用板材中选料下料，较难保证弯曲部件正面和侧面两方面纹理都顺行。

再次，有的苏作明式黄花梨家具的个别部件是"夹心"的。所谓"夹心"是指部件的中心部位用其他廉价硬木料充实，仅在外表贴一层黄花梨料，木匠称之为"硬包硬"。"夹心"与"包镶"有所不同，"包镶"表面所贴的木料较薄，而"夹心"表面所贴的木料较厚。以夹心做法的部件往往用于桌、案类的大边、腿足等，很可能是在木料有限的条件下，不足以全部制成实心部件而采取的变通方法。曾见一典型苏作明式黄花梨一腿三牙方桌，桌面的两个大边是夹心的，但由于工匠巧妙地将拼接的缝口设在冰盘沿的折沿处，桌子背面又挂满漆里，加之粘接时使用了上好的鱼鳔，乃至此桌使用至今，即使借助于手电筒、放大镜仍难察觉其夹心做法。像这类个别部件为夹心的苏作黄花梨家具笔者见过数件，有的是在修复过程中将家具拆散后才发现的。

此外，有些苏作明式家具的结构和做法有不符合常规之处，往往是为了充分利用或将就木材，如本书文章《个性化的艺术》内关于侧山的一节（29-30页）中提到：有的圆角柜的侧山上下都有抹头，其中一个原因就是为了在木料长度已定的条件下，可以把柜子做得高一些。

江苏地区有些老工匠至今仍沿袭着因材施工的技能。20世纪80年代初，笔者在苏州、扬州两地考察期间，曾在几个专营古旧硬木家具的委托商店拜访过多位老师傅，他们都是店家请来修缮待出售的古旧硬木家具的。他们不仅可以较为准确地估计一棵圆木的出材情况和各部位开料后可能出现的变形及开裂状况，还可以据此直接从圆木上套裁家具部件的毛料。

2. 不追求"彻活"，而注重"好钢用在刀刃上"

传世实物证明，多数苏作明式家具的"带"（如桌面和案面下的穿带、坐具和卧具面下的弯带等）都不是用珍贵的硬木制作的。黄花梨家具的穿带多用铁力木制作（从传世的巨材铁力木家具可推测，铁力木在当时为廉价木材），明式的床、榻及各式坐具的弯带也多由各类廉价杂木制成。苏作柜子中的抽屉、躺板往往使用各种软木，有些柜子的后山也用非硬木料制成。

善于用料，并不意味着单纯的省料、舍不得用料。俗话说："好钢用在刀刃上"，苏作明式家具在用材上就体现了这种精神。传世实物证明，苏作明式家具中既有部件细小、用料不多、看上去小巧玲珑的家具（如玫瑰椅），也有不惜巨材按木匠们所称的"木头垛"式作法制作的粗壮、具震撼力的大家具，可谓该用料时不手软。此外，苏作明式家具的一个明显特征是，有些家具的大边、牙子等部件内侧往往有"坡棱"（也称"坡楞""爬棱"），指的是木料靠近树皮的部位，这些部位往往凹凸不平。究其原因，若在开料时，将四面都锯平，木料的使用率会大大降低，这是稍有木工经验的人都可以理解的；但如果只三面见锯，将有"坡棱"的一面用在家具看不见的部位，既不影响美观，又可大大提高木材的使用率。图版4黄花梨有束腰罗锅枨马蹄足长方机凳（亦可见图2）。

此外，有些苏作明式家具的桌、案大边十分宽大，但面心板却较薄。北京私人藏有一件苏作明式圆裹腿方桌，桌面的四根边框十分宽大，而且四角挖有委角，用料宽度达10厘米，而面心板的厚度却只有3毫米。因为苏作明式家具面板下一般都有结构很讲究的穿带，而且面板底部往往披麻、挂灰并且上漆，所以木制的面心板虽薄，却不会影响使用强度，而材料却节省了下来。熟悉明清家具的人士都知道，明式家具大多造型简洁，雕饰较少，其中也不免"良匠得美材"，舍不得多动刀斧的惜材原因。

3. 苏作明式家具的材型和制作工艺有利于充分用料

苏作明式家具中，部件材型为圆截面或方倒棱的占绝大多数。圆截面的用料方式有利于木料的充分利用。因为树木的枝干为圆形体态，圆部件可以"随坡就弯"，大大提高木材使用率。这个道理一旦说破很容易理解，但唯有亲自动手分别制作过方材型和圆材型的家具，才会对两者间用料的悬殊有深刻的体验。

苏作明式家具中常可见到以"攒接"工艺拼成的部件（如椅子的扶手靠背、床围子、柜格的护栏、侧山、柜门等）。这是一种利用小木料（又称料头）拼接组成大部件的

图2　退一步斋藏黄花梨有束腰罗锅枨马蹄足长方机凳部件上的坡棱

工艺。采用攒接工艺制作的家具，既省料，又富几何图形的韵律美，且在炎热潮湿的南方透气性好，感官上看着都凉爽。但这是一种极其费时，又需要高超技术的工艺。一个攒接而成的部件，往往由数十甚至数百根小木料组成（图3a），这些小木料须要一一开榫、打卯、十字肩相交（图3b），相互之间容不得丝毫误差（图3c）。图3a及3b为一套苏作明式隔扇上攒接件的榫卯，图3c则为此攒接件的结构图。攒接成型后，还需要锉圆，修出委角，打磨抛光，使其圆润自然，浑然一体，不经意的人很难察觉攒接痕迹，其艰辛程度若不亲手从事制作实难想象。

攒接工艺可算对木料的吃干榨尽。一根木料在下料时，先裁去大边、面心、腿子等大部件，接下来再出横枨、短边、立柱等小部件，最后剩下的料头才用来做攒接部件，所有木料一点不糟蹋。有人说，好的江苏木匠用一根木料做完家具后，除了一地锯末，剩下的料头做牙签都不够。虽属夸张调侃，却道出了江苏工匠惜料如金的精神。

江苏工匠制作家具的用料理念有其深刻的历史、地区和人文背景。这一风俗习惯不

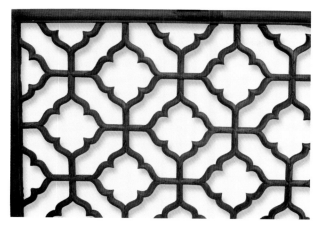

图3a　攒接的苏作明式隔扇扇心

图3b　攒接部件的榫卯结构

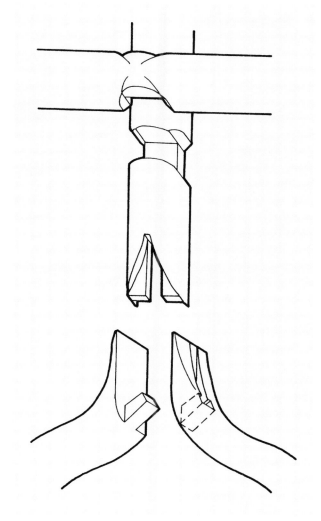

图3c　苏作明式隔扇攒接件结构图

仅反映在明至清前期的明式家具中，而且一直流传了下来，在年代很晚的苏作红木家具中仍有体现。

形成鲜明对比的是，广作家具在用料的手法上几乎与苏作家具截然相反，偏向于另一个极端。例如，苏作家具材型以圆为主，广作家具材型则多为方直；苏作家具讲究尽可能利用所有木料，把有"爬棱"的木料放在里面，而广作家具讲究用料唯精，不论多珍贵的硬木，其材心、膘皮甚至稍有裂痕、暗疤的部位，即弃之不用；苏作家具注重"好钢用在刀刃上"，一件家具不一定所有部件都用硬木，而广作家具则推崇"彻活"，整件家具，从里到外，不分主次部件，清一色由精选的硬木料制成，不仅穿带、背板、抽屉板用硬木料，笔者见过几件广作的紫檀坐屏和挂屏，连后背的衬板都是用上好无疤的厚紫檀板制成的，可谓奢费至极；苏作家具常用"攒接"的部件，而广作家具则以整料挖雕为多；苏作家具善于利用线脚，用较小的木料做出较厚大的视觉效果，如垛边作，而广作家具有的部件由于用料过于粗厚，影响了比例和美观，还要通过装饰予以遮掩，例如腿足太宽，就在边缘处起线、压凹线或雕回纹，使人以为是腿足外边另加的饰条，以求得视觉平衡。

18世纪初清康熙年间，北京紫禁城成立皇家造办处，专设木作为皇家制作家具。苏、广两地的能工巧匠被选进宫献艺，众高手聚首京城。他们不仅带了各自的家具制作技艺、工具，还带了各具地方特色的家具制作理念。只可惜在历史上，苏、广两大流派的工匠始终未能很好地相处与共融，以致后来又从木作中单分出了广木作。两大流派在家具制作理念上存在一些无法调和的差异，其中选料、用料方面的差异也是重要原因之一。

清代皇室最终接受了广式家具体系，并在随后的几十年内创立了中国古典家具史中另具创新风格的家具——清代宫廷家具。留在紫禁城内的江苏工匠不得不服从于具有广式风格的宫廷家具制作规范，但在一些制作技艺和手法上仍然最大限度地保留了自己的传统理念，以致于当今一些传世的清代宫廷家具，仍可通过其选料与用料手法判定是出自江苏工匠之手。例如，北京故宫博物院所藏紫檀嵌瓷靠背扶手椅（见《中国美术全集》工艺美术篇II之竹木牙角器，图版146），以及北京私人所藏的紫檀七屏风式扶手椅（图4）等，都是典型的具有苏作风格的清代宫廷家具。

图4 具有典型苏作风格的清代宫廷家具——紫檀七屏风式扶手椅（成对），长52厘米，宽41厘米，高82.5厘米，北京私人收藏。

苏作明式家具的造型和装饰特征

苏作明式家具的造型和装饰特征主要通过以下几个方面体现出来：

一、充分展示曲线美

苏作明式家具以圆材和曲线为主体特征的较多。其造型舒展自然、委婉生动，予人以心灵的纾解，各部件配合衔接恰到好处，相关比例经得住推敲，在美学上造诣很高。现今对苏作明式家具造型的研究已经相当成熟，有很多论文与书籍可供参阅，本文不再赘述。

二、巧用侧脚，平衡视差

见过较多的苏作明式家具后，自然会察觉到，它们大多带有较明显的侧脚（有关侧脚的详述，请参阅本书《个性化的艺术》一文页37-38）。侧脚体现了中国传统文化沉稳、坦妥的风格。若细心观察，还会发现多数苏作明式家具中较长的圆截面部件（如椅子腿、柜子腿、桌子腿等）都微有"收分"，即上小下大。只不过"收分"本是为了补偿视差，所以很小，若不用尺子细量，不易察觉。

三、旁征博引，融会自然物象

明式家具中的某些结构，其构思来自于古建筑。如为人熟知的带有顺枨的酒桌（也称油桌）就借鉴于建筑大木架的结构。明式家具中常见的壶门也是从建筑结构移植而来的，运用得体自然。

有些明式家具采用仿竹作。所谓仿竹作可分为两类：其一是仿竹器的神和意，在家具外形上找不到竹器形状的痕迹，将竹的形式升华了，例如明式家具中的裹腿作、垛边作便属此类。其二是仅从形式上模仿，着重模仿竹器的外形，例如，带竹节、竹芽的仿竹木器家具。虽然以上两类皆为仿竹作，但前者是仿神仿意的明式家具，后者则属于写实风格，两者是难作比较的。

苏作明式家具长于旁征博引，融会自然物象，有如中国传统绘画中的写意画，给人以无穷的回味。

四、不设置非功能性装饰部件

多数苏作明式家具中没有专为装饰而设置的部件，但这并不意味苏作明式家具不讲究装饰性，而是苏作明式家具的设计者更注重于部件本身所具有的自然装饰性。例如，高拱的罗锅枨、优美的S型霸王枨、造型各异的壶门或委婉剔透的牙子等，都是在发挥其实质性支撑功能的同时，兼顾了结构部件的自然之美，均为极其成功的构思。

五、善于利用线脚，避免过滥雕饰

雕饰固然可以起到装饰效果，但若雕饰过滥则过犹不及。苏作明式家具雕饰较少，取而代之的是富于变化的线脚，同样可以达到令人满意的装饰效果，不失为更胜一筹的设计。本书《个性化的艺术》一文中，对八个圆角柜的线脚作了介绍，请本书参阅 39 页。

六、妙用金属饰件，烘托整体效果

明清家具上使用的金属饰件包括合页、拉手、吊牌、锁纽、挂鼻、足套，以及加固箍带等。金属饰件的用料、造型、安装方式也是判定家具产地的重要依据之一。

苏作明式家具的金属饰件一般比较素雅，多为铜件或铁件，其中铜件又以白铜制品居多。那些使用黄铜饰件、铁镀金饰件、黄铜錾花鎏金饰件、景泰蓝饰件、黄铜嵌红铜饰件的明清家具，大多不是苏作明式家具。

苏作明式家具金属饰件有自己的安装方式。以合页为例，常见的有两种：其一为平贴式，在合页背面焊接长度和强度适宜的金属条（也称屈曲），将其穿透到安装部位的另一面加以弯曲固定。从正面看，金属饰件是附着在家具表面的，因而称为"平贴"。大部分家具采用这种方式。其二为平卧式，不仅要在合页背面焊接屈曲，还要在家具表面准备安装金属饰件的相应部位，铲出与饰件的形状和厚度相同的凹槽，将金属饰件嵌入其中，同时将穿透到另一面的金属条加以弯曲固定。从正面看，金属饰件是嵌入家具表面的，因而称为"平卧"。在方角柜和小件家具上常用平卧的安装方式。用大鼓钉固定合页的方式不是苏作明式家具的做法，常见于山西晋作家具，年代也较晚。

相信曾有不少苏作明式家具使用过铁饰件。例如，传世至今的榉木苏作柜子有些带有原配的铁饰件，虽已锈迹斑驳，却也饶添古趣。笔者曾参与修复一对苏作黄花梨大柜，此柜的圆形白铜合页有残，将其拆下修配时却发现在圆形印痕之内，依稀可见铁锈斑斑的条形饰件痕迹，推断该柜在使用白铜饰件之前用的是条形铁饰件。

此外，尤为值得一提的是明清家具中使用的铁錽银饰件。人们可在交椅、杌凳、小型箱柜等家具上见到它们。这类饰件在色彩上黑白相间，与家具的木纹相配，古朴而典雅，装饰效果颇佳，被公认为最理想的金属饰件。铁錽银饰件在清中期十分盛行，不仅在家具上广为采用，一些官宦人家的木制马车上也配有铁錽银饰件，以示气派，可惜如此绝技延至民国时期已失传。顺便说明，有人误以为明清家具上采用的铁錽银工艺与古代青铜器上采用的错银工艺相同。其实两者在效果上虽相似，但工艺手法却是截然不同的。

苏作明式家具的工艺手法特征

苏作明式家具工艺精良，手法考究，从以下几个方面可见其特征。

一、穿销挂榫

人们常用"穿销挂榫地道活儿"来形容一件明清家具严谨考究的结构。在明清家具结构中除了凹凸斗合的榫卯之外，往往还有一种专起定位和锁紧作用的装置，由有燕尾口的木销和与其相对应的槽口配套组成，这类装置被统称为"穿销挂榫"。

穿销挂榫处于不同的位置，有不同的结构形式、不同的名称，它们都发挥不同的作用。例如，固定牙子与大边的梯形有燕尾口的木销被称为"穿销"，多位于牙子中间部位（图5）。

用于定位和锁紧榫卯的销榫称为"挂销"。最常见设置挂销的部位是在腿足和牙子之间。实物调查表明，几乎所有苏作明式家具的腿足与牙子之间都有挂销。从明代开始，直至清晚期，江苏工匠一直坚持这一传统习惯。因此，有挂销也成了苏作家具的一个重要特征。实物调查亦显示，几乎所有京作家具都不带挂销。有没有挂销，一般只有拆散家具才能看见。不过，在现代科学技术条件下，可以利用X光机检验家具的内部榫卯结构，美国前中国古典家具博物馆曾这样做过。

除了腿足和牙子之间设置挂销外，苏作明式家具在牙子与牙子之间也多设有挂销，木匠称之为"圈口挂销"。其做法是前面格

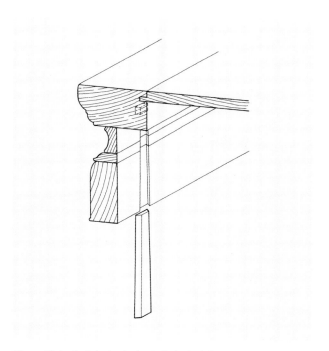

图5　固定牙子托腮和束腰的穿销结构

肩相交，后面设置挂销（图6）。圈口挂销，属于特别考究和严谨的工艺手法，在其他流派的家具上很难见到。

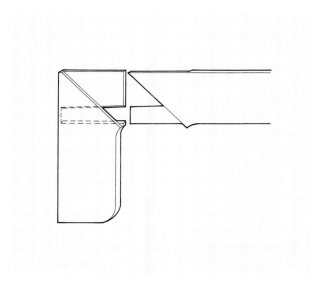

图6　圈口挂销结构

二、竹钉

用小竹钉锁死家具的榫卯，是苏作明式家具工艺的又一特征。家具的榫卯，即使穿销挂榫，也只限定了两维自由度，怎么装上去的还可以怎么卸下来。若再加上一个竹钉就可以完全锁死三维自由度。竹钉多为圆截面，直径约在 2 至 3 毫米左右，上下等圆，无尖头。一般是在家具做好之后，再钻孔将竹钉打入。竹钉又叫"关门钉""管门钉""把门钉"，形象地说明了竹钉的关键地位和功效。什么时候想拆散家具，必要先去掉竹钉，然后才可按榫卯结构依次拆解。

从一张苏作明式黄花梨罗汉床床围子的局部照片（图 7），可见攒接部件交接处埋下的竹钉，还有翘头案局部照片（图 8），以及大画案局部照片（图 9a 及 9b）等。

与苏作明式家具不同，广作家具上不使用竹钉，而使用木钉。其形式和功能与竹钉类似，但直径较大，多在 5 毫米以上，常用于穿带与大边的锁合。

图7　苏作明式黄花梨罗汉床床围子的攒接部件交接处采用了竹钉。

图8　黄花梨夹头榫翘头案，腿足与第二根横枨由竹钉锁死。

图9a

图9b　黄花梨圆腿夹头榫大画案：案面与腿足、腿足内侧与横枨分别以竹钉死锁。

三、穿带和弯带

苏作明式家具上的穿带和弯带很少引起人们的注意，却是颇具地方特色的部件。穿带和弯带大多用铁力木、梨木、杜梨木等廉价木材制作，即使是珍贵的黄花梨和紫檀家具也是如此。

中国传统木器行业有句口头禅："木匠不倒棱（倒楞），工夫没学成。"这里"倒棱"的意思是指，木工活计做完之前，要将各部件有棱角的地方，用细刨子轻微地刨一刨，免得尖利刺手。江苏工匠当然谙熟此道，一招一式都可见其细微精神。唯独穿带和弯带作工简单粗糙且不倒棱，在结构上多与大边平头相碰，而且往往接口不严，甚至有些弯带的锯口和刀劈斧砍的毛茬都未刨平，如翘头案的穿带（图10），与作工精细润泽如玉的外表形成鲜明反差。

从苏作明式家具的穿带和弯带上，反映出苏作家具流派极其务实的理念。穿带和弯带表面工艺虽粗糙，但与面子相接的燕尾槽、燕尾榫却从不马虎，可以圆满地保证引导面子抽涨的功能，是一个有实质性功能的部件。而且苏作家具有髹漆的惯例，穿带和弯带一定会被漆罩住（图11），其粗糙程度外表是

图10　黄花梨夹头榫翘头案的穿带均未予刨平

图11　黄花梨四面平榻的弯带均带有漆罩痕迹

图12　穿带与大边格肩相交是清代广作宫廷紫檀家具上的作法

看不见的，且只有当漆罩脱落才会刺手。看来，苏作明式家具不仅用料是"好钢用在刀刃上"，在作工方面也是"功夫用在刀刃上"了。

与苏作家具形成鲜明对照的是，广作家具和广式清代宫廷家具的穿带则以珍贵的硬木料制作，大都刨光倒棱而且精磨，穿带与大边常采用格肩相交，甚至有的起阳线，工艺十分讲究（图 12）。

四、漆里

苏作明式家具中，各种桌面、案面、几面的底部、各类坐具的椅盘底部、各种柜格的背部等处都挂有漆里。挂漆里一般要经过披麻、挂灰、髹漆三道工艺过程，因而有一定厚度。挂漆里不仅有助于家具的防潮、防霉、防变形，还可遮蔽有坡棱、疤结、未刨光的部位。

中国其他流派的家具虽也有挂漆里的习惯，但用料和工艺都有所不同。漆里的辨别是鉴定家具产地的又一依据。同时，漆里的质地和老化程度也为判别家具上的后配部件提供了佐证。

年代较早的苏作明式家具灰质细腻坚硬，色呈灰白，外髹漆多为酒红色。因年久而质脆，所生断纹呈龟裂状，且易掉渣，例子可见一件未经修复的苏作明式官帽椅之弯带（图13）。

除酒红色外，也有髹黑漆的。就大多数情况而言，髹黑漆的家具年代晚于髹红漆的家具。这不仅可以从家具的造型、结构、作工等方面找到证据，还可以从修复实践得到证明。例如，在一件苏作明式书柜后背板处，可清楚地看到黑漆下面原有的酒红色漆痕，显然这层红漆是家具原有漆里，黑漆则是后上的（图14）。不少苏作明式家具是在修复过程中，将出现龟裂的红漆褪掉再髹上黑漆的。另一个有说服力的证据是，凡是将座面改为板加席的苏作明式椅子，其座面底部往往髹的都是黑漆，显然是改制屉面时所为。

相比之下，广作家具很少髹漆里。而京作家具虽挂漆里，但无论用料还是工艺都无法与苏作明式家具相提并论。

图13 一件未经修复的苏作明式官帽椅的弯带上已生龟裂的酒红色漆里

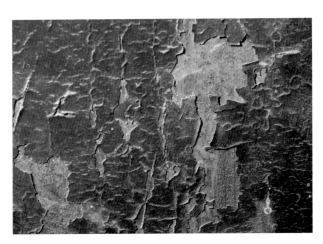

图14 苏作明式书柜后背板局部的酒红色漆里又被罩上黑漆

五、席面

几乎所有苏作明式坐具和卧具,包括椅子、杌凳、圆墩、床、榻等的座面,都采用软藤屉做法。

六、苏州码

由于中国传统家具是手工制品,连接各部件的榫卯是一对一配制的,整体组装时,榫与卯不能混淆装错,也就是工匠们常说的榫与卯"要相互认家"。因此不少工匠有在榫卯间打标记的习惯,这就是为什么人们常可在一些传世的明清家具上看到各种标记的原因。苏作明式家具所用的标记被称作"苏州码",这些"苏州码"与古建筑上所用的"苏州码"是一致的。

在家具上打码看似简单其实很讲究,如果打码者能够很好地利用数学逻辑关系,将码子打在关键位置,那就可以用最少的符号解决每件家具打码的需要。因为家具各部件之间的关系是确定的,只要关键之处不错,其他部位是不会错的。用工匠的话说,就是各部件之间的相互关系被"管死了"。实物研究表明,江苏工匠擅长此道,即使在结构很复杂的大家具上,也可以只用三四个记号解决全部问题。

苏州码一般打得较浅,而且多打在榫卯的暗处,从组装完毕的家具外表往往见不到。如果一件苏作明式家具从外观上可以见到某些标记,往往是从事修复的工匠日后所为。直至今日,有些工匠仍有这种不良习惯,在拆散准备修复的家具时,不管三七二十一,先在各部位打一通记号,唯恐日后记不住装错了。殊不知,记号多了有时反而容易相互

矛盾,造成混乱。例如,在一件苏作明式书格上,其立柱与横枨各打有三条清晰可见的并行线标记,即是日后的修复工匠所为(于图15a中用蓝线标注)。显然,此工匠未拆开家具前,不知其榫卯内侧原来就有记号,为避免出错,就在横枨上先打下三条印记,待拆下横枨后又在立柱上打下同样的三条印记,以示对应。而立柱上后打的三条印记恰好将原来打的很浅的二道印记压住了(于图15b中用绿线标注)。其实当此横枨拔出后,即可见横枨的榫头内侧也打有二根很浅的印记,与立柱上被压住的那两条印记相同,是原本工匠所作的记号。

图15a

15b 后打的非苏州码(蓝色)与原装的苏州码(绿色)分别标注于修复中的书格之立柱及横枨上

一些家具上打的标记五花八门，诸如阿拉伯数字、各种吉祥码、各类图案、甚至用毛笔写上的文字等，大多不是正宗的江苏工匠所为。各种非苏州码的标记虽然常给当今修复工作带来混乱，但同时也给家具鉴定增加了依据。例如，在一件家具上同时打有苏州码和非苏州码标记，即可证明这是一件苏作家具，而且此件家具曾被非正宗的江苏工匠所修复。如果一件家具仅打有非苏州码标记，则证明此件家具并不是苏作的。有一点是不容置疑的，历史上那些苏作家具的能工巧匠不仅是用双手，而且是在用脑、用心制作家具。小小的苏州码也为辉煌的中国古典家具史，增添了精彩的一笔。

细心观察和揣摩，不难悟出，江苏工匠制作家具的宗旨是在务实的基础上追求完美。多数苏作明式家具不仅造型优美，而且每一部件均能与主体风格相呼应，比例恰到好处，显然是经过精心设计反复推敲而成。对一些不起眼的细微之处亦认真对待，不投机取巧，处理手法十分讲究。另外，在处理横材和竖材相交之处，为获得视觉上的圆润效果，常采用费工费时的"挖牙嘴"作法，是苏作明式家具追求完美的具体体现。

然而，当外表的美观与结构的牢固发生矛盾时，江苏工匠一般首先考虑结构的强度，这又是务实的体现。例如，苏作家具上常能见到透榫，以打槽装板的案面为例，不少苏作案面两侧的穿带与大边是采用透榫相交，在此处做成透榫虽不美观，但对案面的整体性与牢固性有积极作用。在美观与实用只能择其一的情况下，江苏工匠选择的是后者，而广作和京作工匠则会选择前者，这也是为

什么广作和京作家具的案边上很少能见到透榫的原因之一。

又如，架格是明清时期十分流行的家具，其四根立柱与每个横枨的相交处是受力集中点，也是结构上的先天薄弱点，因为两个方向的横枨榫头都会交汇于此，处理不好会影响牢固性。一些传世的架格为了美观，在此部位未用透榫，日后大都在此处开榫或损坏。还有些架格将此处做成破头闷榫结构，虽然既结实又美观，但破头闷榫结构是当横枨打进立柱后，破头一涨开，便永远无法再拆开，被工匠称为"绝户活儿"（图16）。而苏作明式架格由于多做成透榫结构，即使采用暗榫也会在外部加竹钉锁死，以增加强度。北京故宫博物院藏有一对黄花梨攒十字架格，是典型的苏作明式家具（图17）。此架格的立柱与横枨采用的是闷榫格肩相交，再加以竹钉死锁（图18）。暴露在外的竹钉固然影

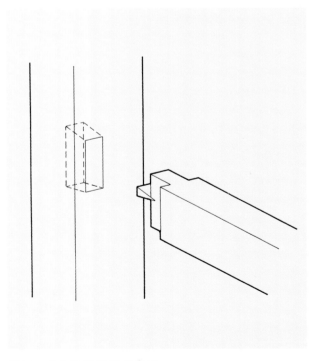

图16 破头闷榫结构示意图

响美观，却因为这数十颗竹钉，使得此柜几百年至今仍纹丝不动，大有万年牢之势。

本文前面讲到的穿带不加装饰、大边内侧爬棱中的刀劈斧砍痕迹都不予去除，此等苏作明式家具的特征都是苏作家具务实理念的体现：需要之处，不惜工本以求完美至极；无所谓的地方，举手之劳都不动，反映了中国传统家具制作中的古朴真诚的精神。

以上对苏作明式家具主要特征所作的论述，旨在对家具流派作些探索。如《个性化的艺术》一文中指出，中国传统木器家具是个性化的艺术，即使在特定的年代和地区，工匠们在不违背行规的前提下，仍有发挥个人想象力和创造力的空间，施工手法因人而异。因此有些家具上出现不符合当初的时代特征、有悖于常规的现象并不奇怪。

另一方面应说明的是，明清时期不同家具产地之间在家具制作中是相互学习、借鉴和效仿的，因此有些工艺手法、结构形式大同小异。但在辨别家具产地时，要全面观察，综合考虑，切忌盲人摸象，对号入座，以偏概全。

图17　苏作明式黄花梨攒十字栏杆架格
长100厘米，宽50.4厘米，高198厘米
北京故宫博物院藏

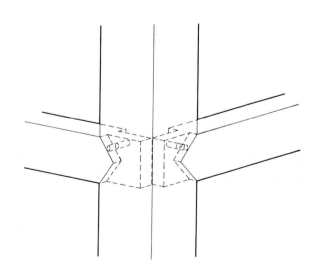

图18　架格立柱与横枨闷榫格肩相交，再加竹钉死锁。

例如，说到苏作明式家具使用苏州码，并不是说每件苏作家具都打有苏州码；谈到使用竹钉锁紧榫卯是苏作明式家具的工艺手法特征之一，也不意味每件苏作家具上都用竹钉或只有苏作家具才用竹钉。山西、浙江、北京等地区产的家具也有使用竹钉的，有的与苏作家具用法完全相同，有的则不同。例如，清晚期的京作家具使用的竹钉，其形状和尺寸与苏作家具的相同，功效却有所不同。苏作明式家具使用的竹钉，功效在于锁紧榫卯；而京作家具使用的竹钉主要是起钉子的作用。如在一件清晚期京作香几的托泥与底足间的竹钉，目的只是给干粘上去的底足加固，属于偷工减料的做法（图19a及19b）；又如一对清中期山西核桃木佛座上所用的竹钉，也是仅起钉子的作用（图20a及20b）。亦有不少家具上的竹钉并非原作时就有，而是后人在修复时加上去的。因此，显然不能以家具上有竹钉就定论其产于江苏地区。

图19a　清晚期京作香几，靠两竹钉固定底足与托泥。

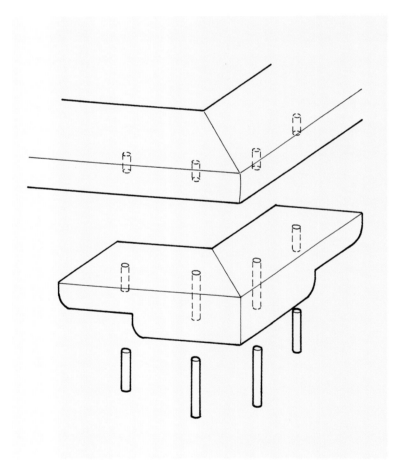

图19b　京作家具使用竹钉固定的底足

图20a　清中期山西核桃木佛座（成对）
长45厘米，宽24.5厘米，高57厘米
私人收藏

图20b　木佛座侧山上部的竹钉（局部）

又如，本文也曾讲到，苏作明式家具的座面大多为藤编软屉，屉面的四边加有压席条。而其他流派的家具也有相同做法。本文在此展示了明清时期各流派家具座面的制作方法，比较不同时期各家具流派在制作工艺和结构形式上的交叉与融合，异同之处可略见一斑（图21至25）。

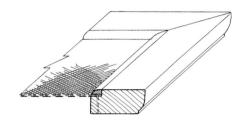

图21　此座面的制作方法常见于明式苏作、安徽，以及清代的山西家具。

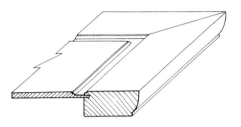

图23　此座面的制作方法常见于清代中、晚期的苏作红木家具。

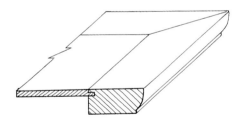

图22　此座面是较常见的做法，常见于明清各时期、各地的软木家具，以及清代的广东红木和宫廷紫檀家具。

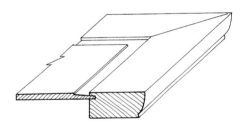

图24　此座面的制作方法常见于清代的京作家具。

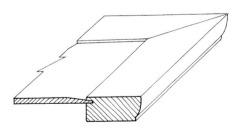

图25　此座面的制作方法常见于山西、山东、河北等地的清代家具。

总之，多数苏作明式家具具有典型特征，可谓"开门见山""一眼明"，众方家评判相同，并无争议。但仍有少数制品，限于当今的鉴赏水平而难下定论。有人认为像这类造型古拙、厚重、饰有宽大皮条线的家具，都是山西地区制品，其年代应早于苏作明式家具，甚至出自元代，理由是在山西发现的早期柴木家具中有很多造型相似的制品。然而，山西在元代至明早期是否已经发展并富足到成系统地制作如此珍贵完美的家具，尚需进一步考证。至于具体产地究竟在何处、珍贵的木料来自何方等疑问，在没有充分证据给予解释之前是很难下定论的。

　　人们对中国古典家具的鉴赏往往是从欣赏造型开始，逐步趋向年代的鉴定、材质的辨析、作工的探索、结构的研究，最终发展到走向对家具流派和家具中携带的人文、历史信息的研究。目前此项研究仅处于初始阶段，本文仅是笔者一些粗浅体会，旨在抛砖引玉，希望与读者共同探索。

1997 年于北京

个性化的艺术
——从退一步斋所藏圆角柜谈起[1]

田家青

引　言

友人曾问，明清时期制作家具用的图纸是什么样的？可有传世实物？

在人们想象中，明清时期的家具图纸也应像那些传世家具一样规矩、严谨、精美。多年来，我一直在留心寻找，时至今日，仍未见到可以确认无误的明代的家具制作图纸，只找到几张清中期的家具图样（图 1a 及 1b）。遗憾的是，这几张图样与明版的《鲁班经匠家镜》《三才图会》《燕几图》中刊刻的家具式样图类似，既没有显示榫卯结构和拆装关系，也没有标注尺寸，而且透视关系和比例失调。若把这种图样交给今日的木匠去制作家具，他们将无从下手，无异于开玩笑。

就此问题，我问过几位曾在北京鲁班馆就业的老匠师。北京鲁班馆是 20 世纪初至 1950 年制作和修复中国传统家具的工场。学徒们进馆拜师后，都要按传统方式接受专门训练。人们往往把经过这种训练称为"科班出身"。鲁班馆最后一批工匠中仅存的几位，现在均已年过古稀。在他们的记忆中，鲁班馆里学艺从不学识图，不仅他们，就是他们的"师父""师爷"，也没用过图纸。做

图1a

图1b　清乾隆年版（1736–1795年）《看山阁集》中的家具图样（民国晒蓝版）

① 此篇论文撰写于 1997 年，是田家青早年的关于明式家具研究的成果，曾收录在《深藏若虚——退一步斋藏明式黄花梨家具》，Lilyleaf Limited, Hong kong 香港 2018。与前一篇《苏作明式家具的主要特征》同为 1997 年撰写，二十余年后发表于《深藏若虚——退一步斋藏明式黄花梨家具》。

家具只需确定品种、式样，说好大致尺寸就是了。若主东有特殊要求，往往是顺手画个草样，称为"画样"。再讲究点儿，也不过涂上些颜色而已。一位老师傅还根据记忆，按照当初的方法给我画了一张明式四出头官帽椅的画样，看上去比我见过的几张清代画样还简单，可是他却说，与他见过、用过的画样相比，这已是很讲究的了。

看来，明清时期的工匠就是通过口传身授、徒承师艺，按照这种"画样"制作家具的。这些画样与现代的家具生产施工图本质不同，顶多算作简易效果图。学家具制作不学识图，凭张画样就能做出家具来，真是不可思议，但这却是不容置疑的事实。

静下心来仔细想想，这种做法也真可算作是一种艺术创作。明清家具富人情味儿，每件都有个性，重要原因之一就是它们不是按图纸机械地生产出来的，而是工匠们在自然经济条件下，在没有绝对定式的自由空间里，充分发挥想象力和创造性，一件一件制作出来的。因此，明式家具中除了成对、成堂的以外，造型和结构完全相同的较为少见。工匠们在制作家具的过程中，把自己对美的理解、对生活的感受、对未来的向往，以及个人的脾气秉性都通过他们手中的家具充分表达了出来。在此过程中，他们自觉或不自觉地进入了"物我合一"的艺术创作境界，

在这种境界中制造出的家具自然地融入了人性和艺术性，使其在具有使用功能的同时也成为一种艺术品。明式家具之所以具有很高的艺术成就，一个重要原因正在于此。

对这种不靠图纸制造的艺术品的个性化特征和变化规律，我一直想加以研究总结，但从明式家具问世至今，历经数百年沧桑，要找到某一时期有代表性的同一品种的多件家具作为系列研究数据并非易事。

见到退一步斋的家具藏品，我发现它们有两个特点：其一，风格一致，多属明式黄花梨家具中古朴高雅的一类。相信看过这本书的读者，会在这些颇具品位的古典家具感染下，进入一种怡静脱俗的心境，获得美好的享受。其二，在这批珍品中，有十余件大小不一，式样各异的黄花梨圆角柜。众所周知，明式黄花梨家具中，圆角柜属较难寻觅的大件器物，能收集多件已属不易，在当今伪作猖獗、赝品泛滥的情况下，这组圆角柜中无一伪品，就更为难得。虽然有的柜子部件在修复中有所改动，但就整体而言，较为真实地保持了古物原貌，是一套理想的可供研究的实物资料。遂以这组圆角柜为特定对象，经过实物观察、分析比较、归类整理，形成此篇旨在揭示明式家具个性化及其变化规律的专题论文。借此书出版之机，呈献给读者。

圆角柜概述

明万历版《鲁班经匠家镜》中有一段制作圆角柜的口诀："高五尺零五分，深一尺六寸五分，阔四尺四寸。平分为两柱，每柱一寸六分大，一寸四分厚。下衣一寸四分大，一寸三分厚。上岭一寸四分大，一寸一分厚。其橱上梢一寸二分。"不是行家恐怕很难根据这段话想象出圆角柜的造型。

若用现代语言描述圆角柜似可为：顶部有柜帽（上岭），正面有对开的两扇门，柜门与柜体以木肩轴连接，柜内设抽屉，中下部置横隔板，隔板下面为暗仓。外部造型上敛下舒，侧脚（上梢）明显。使用时多成对摆放。

追溯圆角柜在中国历史上最早出现的时间，在台北故宫博物院藏之宋代绘画《蚕织图》中有一座高大的木柜，圆材结构，双木轴门，盝顶，形制与圆角柜十分接近。所不同的是，盝顶为斜柱与横柱攒接而成，由于这种柜顶结构既不结实，又难于制作，逐渐被改进为柜帽，成为人们现在见到的圆角柜的样子。因此，宋画中出现的柜子应视为圆角柜的前身。

中国历史上的某些家具，例如，宋代流行的带有脚踏的长扶手玫瑰椅，造型古雅别致，但因其结构不尽合理、使用不方便、欠舒适等原因而日渐式微，入元后自行消亡。由于没有实物传世，我们现在只能从宋元时期的绘画里窥见其貌了。而圆角柜则不然，从它问世以来，各时期都有大量制品。虽然明代的黄花梨、紫檀圆角柜十分罕见，但不

同时期由杂木制作的圆角柜却数不胜数。圆角柜的流行区域遍及中国大江南北，尤其在江苏、安徽、福建、山西、陕西、河北等省，都可见到式样、结构稍有变化，带有各地方特点的圆角柜。

某种器物长期盛行不衰必有其原因。其中的一种人文因素或许并未引起过人们的注意。圆角柜有明显的侧脚，上窄下宽，北京工匠称之为"四腿八挓"，给人以"敦实"的稳重感，正好与古时人民稳重、踏实的生活作风相吻合。圆角柜多成对使用，并列摆放时，因其上窄下宽，两柜之间必然出现一个上宽下窄的倒三角形空间。这个空间虽然窄小，却打破了两个大体积的家具并列摆放所产生的呆板与压抑感，给人一种心理上的疏透与平衡感，起到纾解心怀的作用。而这恰与中国人向来遵循的"办事留有余地""得让人处且让人""话不要说满，事不要做绝"的处世哲学与做人宗旨不谋而合。这种内在的共鸣，可能并未被使用者直接理会到，而这种造型的家具却在人们潜意识支配下世世代代流传下来。

此外，圆角柜独特的器形使其在制作时很容易按比例加大或缩小，结构上也易于作各种变动，以适应不同需要，这也是其被广泛使用的原因之一。以体积变化为例，常见的圆角柜高度多在2米以内，而笔者见过的一对带底座的南榆木圆角柜竟有近4米高。站在这对柜子面前，真让人有一种矮了半截

的感觉。不知柜子的主人出于什么目的或何种特殊需要，竟指挥工匠造出如此"庞然大物"。猜测此翁也是家具迷，尤其厚爱圆角柜，有股"发神经"的劲头。世间常有些"发神经"之人，也算得一件幸事，不少"绝活儿"正是在各种"发神经"之人参与下才得以问世的。

有一类高度只有40至60厘米的小圆角柜，过去并不多见，曾被认为是文房中的案头摆设。但是近年来，沽贩们陆续从山西、山东、河北、福建等地搜集了大批年代约在清中期至清晚期的小圆角柜，数量之多令人瞠目。除少数硬木制品外，大多是各类杂木制品，如楸木、榉木、樟木、柏木、松木、槐木等，几乎各种常用木料都在其列，其中亦有不少髹漆制品。作工精细粗略更有天壤之别。精致者，结构与大圆角柜无所不同，精美至极，人见人爱，可惜为数不多。而制

图2　清中期。山西楠木小圆角柜（成对）。长33厘米，宽20厘米，高50厘米。

作粗糙者占多数，最差的不仅无卯无榫，甚至连木板都未刨光，用钉子钉在一起，显然不是木匠制作的。各种迹象表明，这种小柜当是曾经流行一时的嫁妆（图2）。因为有些家具品种，如画案、绣墩、禅椅、灯架、大柜等，穷人家做不起，可以不做、不用。因而这些家具品种传世数量不多，但做得起的工料都不至于太差。而嫁妆则不论贫富皆必备，才会有如此众多的数量。不同的工料配以不同身份、地位的家庭。很穷的人家，买不起成品也请不起工匠的，只得用木板好歹钉一个凑合用，这种小柜可用来放置脂粉饰物、针头线脑、平安小药等，方便而实用，与官皮箱同是姑娘从娘家带来的随身之物。

圆角柜式样与结构千变万化，件件有特点，值得玩味。现以退一步斋珍藏的这组黄花梨圆角柜作为典型实例，试从结构、形式、装饰三方面作些比较与说明。

圆角柜的结构

圆角柜由柜帽、门楣子、柜门、闩杆、侧山、后背、抽屉、闷仓等部件构成（图3）。

一、柜帽

圆角柜顶部的柜帽，被称为"上岭"（"岭"字，疑为"领"字的同音别字），多采用攒边打槽装板作。装板的方式亦有不同，如外刷槽、里刷槽、里外刷槽、平卧等。采用哪种方式，全凭工匠各人爱好，并无优劣之分。只是对于矮小的圆角柜，因为可以直接看到其顶部，所以多做成"平卧"式，不仅看上去平整，而且便于在柜顶摆放东西。

圆角柜柜帽讲究的做法都要在装板下面加穿带，穿带不仅可对几块拼板的结合起到稳固的作用，避免或减少翘曲变形，而且可对木料湿涨干缩起疏导作用，另外对承重也有积极意义。因此，穿带是具有实质性功效的关键部件。正确的做法，应在板子上开出燕尾槽，在穿带上开出燕尾榫，两者均有一定溜度（即倾斜度），便于穿带从一头穿入。作工考究的柜子，上岭往往设两根穿带。

有一点值得注意，就是"穿带"与"托带"的区别。穿带是通过榫卯结构与装板连为一体的，而托带与装板之间则没有榫卯相连，只是平摆浮搁着，说开了不过是个摆设，顶多起个承托的作用。外表看去，两者仿佛相同，但使用久了，用托带的装板容易翘曲变形。

二、门楣子

圆角柜柜帽的前大边下有一条横木，被称为"门楣子"，顾名思义，犹如眉毛，具有装饰作用。门楣子两端开有凹槽，与柜帽的前大边两侧的"臼窝"一同用以容纳肩轴式门轴，当柜门打开与柜体成90度直角时，向上一提，柜门就可以取下。有的圆角柜不设门楣子（如图版15圆角炕柜），属简易做法。但这样的柜子，装上柜帽后，柜门就无法卸下来了，除非在底枨上挖凹槽。

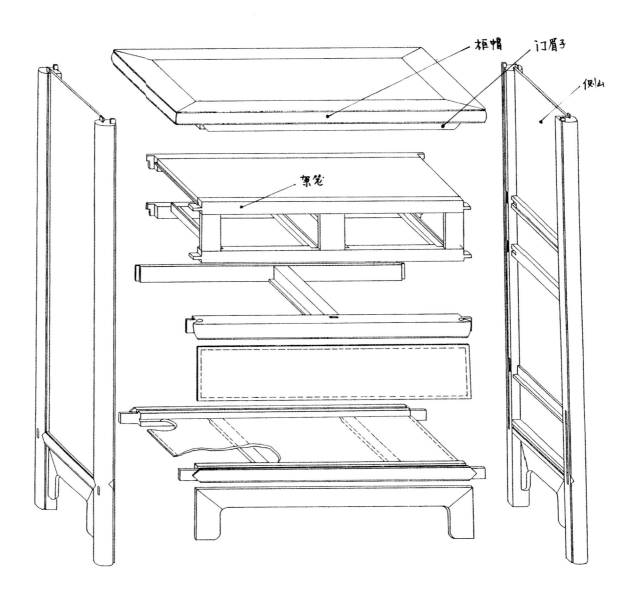

柜帽
门眉子
侧山
架笼

图3　圆角柜结构关系图

三、柜门

多数圆角柜的柜门也采用攒边打槽装板作。此处的"装板"就是柜门面。具体制作方式与柜帽的做法相同，也有里刷槽、外刷槽、里外刷槽、平卧几种。此外，还有一种"落堂起鼓"的做法，但这种做法年代较晚，盛行于清代。

圆角柜的柜门都长于柜帽的宽度，按道理，门面内都应加穿带。具体加几根，可视柜门长度而定。类似于柜帽中偷工减料的"托带"作法，做柜门时也有一种"贴带"作法。"贴"字形象地说明了此带只是贴在门背后的，没有通过榫卯结构与门面结合在一起，当然不具备穿带的功效。

大量的实物调查显示，有近半数的圆角柜在应设穿带的部位采用了托带或贴带。原因很简单，穿带做起来远比托带和贴带费工费力得多，对工匠的手艺要求也高得多，不同作法从外表又看不出什么差别，有的工匠欺主东不懂，得省就省了，也有的是手艺不行做不了，令人遗憾。

四、闩杆

多数圆角柜的两扇柜门间设有一根可以取下的立杆，称为"闩杆"。闩杆的主要功效是为柜子上锁时多设一个支承点，起稳固柜门的作用。也有不设闩杆的，这样的柜门称为"硬挤门"，形象地说明了两扇柜门是相互挤碰到一起关上的。

五、侧山

圆角柜的两个侧面称为"侧山"或"侧墙"。侧山亦多用攒边打槽装板作，即在腿足的内侧、上岭的抹头下面和底枨上面开槽，装入山板。侧山内亦应设一根或多根穿带，作法与柜帽、柜门的穿带作法相同。在确定穿带的位置时，既要考虑分布均匀，又要使穿带同时也成为抽屉和闷仓的支承带。

有些圆角柜的侧山，上下都有抹头。这种作法可使两个侧山分别成为相对独立的部件，工匠称其为"扇活儿"。所谓"扇活儿"可有两个解释：其一，是完全形式上的扇活，可以是活插的，也可以是固定的；其二，在制造家具过程中，工匠把能先制成一扇一扇的部件也称扇活儿，意即在整体组装之前，它们都是散件。例如在制作圆角柜时，除了柜帽外，还有两个侧山都已是先单独造出，各自成为一扇独立部件，此时便有三个扇活儿。采用在侧山上下加有抹头的作法，除了由于工匠特有的地域性习惯外，还有一个原因，就是在木料长度已定的条件下可以把柜子做得更高一些。因为圆角柜的材料配置，虽然后背板用料最多，但它处于平常使用时看不见的部位，即使用贱料或有瑕疵的材料也无伤大雅。除后背板外，就数两侧山板用料最多而且最长了。因此柜子的高度往往受到侧山板木料长度的制约。如果在侧山上下两端加上抹头，可使柜子的总高度增加 2 至 3 厘米。亲手做过家具的人更容易理解这个道理。

一些圆角柜的柜门、侧山也用横木（即抹头，也称"腰枨"）拦腰隔成两段甚至多段（几段称为几抹），然后分别打槽装板，也是出于同理（图4）。当然，这种作法也不排除是因为长料难寻，或虽有长料但料中有疤疖而采取的变通办法。具体制作时隔成几抹（几段）、各段的长度如何确定，可因材而异选取最优方案（图5）。这里又显示出中国传统木工工艺不受图纸限制、灵活巧妙的优点了。既可以充分利用材料，物尽其用，又赋予了所制家具与众不同的个性特征，可谓一举两得。

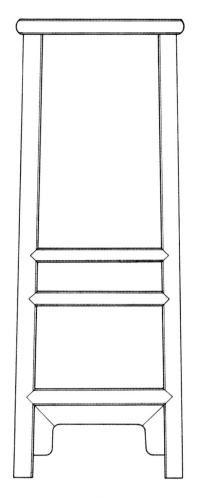

图4 分段装板的侧山

图5 柜门四抹的圆角柜：相同及类似形式多见于明至清中期的苏作黄花梨及榉木制品。

六、后背

圆角柜的后背亦称为"后山"，常见的有装板和活插扇活两种不同作法。由于后山面积较大，为了稳固耐用，一定要有穿带。穿带一般都设在朝向柜内的一面，但也有例外的，穿带就设在朝外的一面。也有不少柜子后山不设穿带，用"腰枨"将后山隔成上下两块，或用"十字枨"将后山隔成四块，再分别打槽装板。这种作法不仅可减少应力、防止变形，也可化大为小，将就小材。

为了防潮，大多数圆角柜的后山都披灰、髹漆或贴麻布。经多年使用后，那些灰、漆逐渐产生龟裂，形成"蛇腹断""冰裂断""牛毛断"，或剥落、掉渣。过去，人们曾将这些特征作为鉴定柜子年代、产地以及曾否修复过的重要证据。但近年来，随着作伪技术的不断提高，经过作伪的"旧"漆里、灰里越来越难于辨别，人们在鉴别真伪时应倍加小心。

多数用黄花梨等珍贵木料制成的圆角柜，后山板是用一般软木料制成的，既不影响外观又可减轻柜子自重，不失为讲求实际的经济作法。但也有少数黄花梨、紫檀圆角柜后山板使用与柜体相同的木料，而且选用无疤疵的好料，凡是这种柜子，往往连抽屉帮、底等使用时不能直接看到的部位，也以同种材料制成。这就是俗称的"彻活儿""满彻"，意即所用木料为彻头彻尾的同种木料，甚至是同一棵树的木料。这种用料方法当然是最讲究的，但从节约与实用角度看，未免有些奢侈。

七、抽屉

多数圆角柜在柜内设有一对抽屉。这对抽屉直接坐落在一副由多根木料横竖相交构成的抽屉架上（图6）。抽屉架在传统木工专用术语中称为"挂笼"或"架笼"。较为正

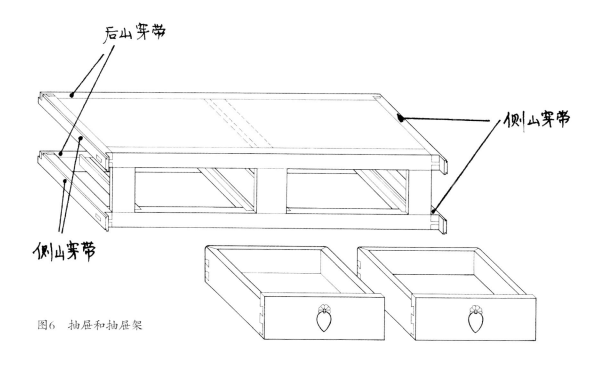

图6 抽屉和抽屉架

规的作法是，挂笼与侧山、后背的穿带之间以榫卯相连。换言之，这些穿带同时也是挂笼的组成部件，使挂笼与柜体巧妙地结合在一起。

挂笼与柜体中的穿带是否结为一体，亦是判断抽屉是原配还是后加的依据之一。有些圆角柜在最初制作时未设抽屉，后人因某种原因增设了抽屉。但因当初制作时并未考虑抽屉的位置，因而侧山和后山的穿带往往不会处于刚好适合设置抽屉的位置。于是后加的挂笼因无法与之相联，只好活搭在穿带上，甚至用钉子固定在柜内的立柱上。对此，仅用文字叙述似不够形象，但通过实物对比便一目了然。

圆角柜的抽屉一般都设在柜内的中部，也有设在柜内上部或下部的，还有曾见两个抽屉设在柜门下面，十分罕见。起初难免令人怀疑是将原本闷仓的前面板去掉后改装抽屉的，但仔细查找，柜内立柱及横枨上下均未发现堵榫痕迹，故应为原配原作。前面已述及，圆角柜的变化形式五花八门，结构上也便于根据需要加以改动，此柜即为一例。

八、闷仓（柜膛）

不少圆角柜下部有暗仓，北京工匠称之为"闷仓"。闷仓的顶部一般设一翻板作为仓盖。简单的仓盖只是一块带手柄的木板，较为讲究的则做成左右两块板，每块中间透雕古钱纹，刚好可将手指伸入把抓，便于将仓盖取出，既实用又美观，兼有透气功能，构思巧妙，不失为成功设计。也有将仓盖做成双向推拉式的、左右掀板式的等等。有些浙江地区的圆角柜不采用柜内设仓盖的作法，而是在柜门下面朝外开设闷仓推拉门，使用时不需先开柜门再开仓盖，反映了当时当地人们的务实思想，但影响了柜子外观的整体感。

圆角柜底枨之下是施加装饰的理想空间。常见有牙头牙条、罗锅枨、镂成云纹的牙头等不同形式。也有不加任何装饰的，估计是出于实用，便于放置东西，多见于乡间的柴木圆角柜，体现了朴素的乡土气息。

九、侧脚

上敛下舒（上小下大）是圆角柜外部造型的一个主要特征。即圆角柜的腿子是向外撇，有"侧脚"。圆角柜侧脚角度的大小并无定例，也有少数圆角柜上下等宽无侧脚。

"侧脚"本是建筑业的术语。旧时，传统木匠并不这么叫，他们称向外撇的侧脚为"挓"。例如，明代一腿三牙的圆腿方桌，因四腿均向外撇出，从正面和侧面两个方向看都有侧脚（挓），故得名"四腿八挓"方桌。有侧脚的圆角柜，一般也是四腿八挓。

明清工匠在制作家具时，侧脚的大小也不是以角度来计算的，他们只考虑家具最上部和最下部的宽度之差，收小的尺寸以"溵"表示。例如，《鲁班经匠家镜》中关于圆角柜的描述有"上梢一寸二分"（见上文"圆角柜概述"一节，"梢"字应为"溵"字），意思是说柜子的上端要收进（窄进）一寸二分。按文中所述柜高为"五尺〇五分"，由三角函数可算出其侧脚的度数约为1.2度。

以大多数情况而言，圆角柜正面的侧脚较大，工匠们形象地称之为"跑马挓"；侧山的侧脚较小，称为"骑马挓"。在制作圆角柜之前，工匠一般会征询主东的意见，以确定挖的大小。有的主东希望柜门能够顺畅地自动关合，工匠在制作时就会将挖放得大一些，尤其是将侧山的挖放大。

顺便在此一提，一些看似上下等宽无侧脚的桌、案、柜类家具，实际测量时却会发现，下部比上部要宽出 1 至 2 厘米，这是有经验的木匠制作家具时故意做成的，目的是调解视觉上的误差。若不如此，上下宽度完全相等，反而容易让人感到上大下小，俗称"嗑腿"，看上去很不舒服。与此同理，有心人会发现，明代的圆腿家具，如果仔细测量其腿足，大都略微有些上细下粗，而看上去却是一般粗细，有稳定感。对于这种人为制造、为平衡视觉而形成的差异，不应视作本来意义的侧脚。

此外，有些原本没有侧脚的家具，在长期使用后，因木材干燥、收缩变形等原因，面子的大边和抹头之间会出现缝隙，在修复时，工匠会将其重新"杀严"（俗称"杀肩"），这就使面子的长度和宽度都微有减小，使得原本上下等宽的家具变得微有"侧脚"。尤其有的经过多次修复的家具，侧脚变得很明显，这种侧脚也不是制作时本意的侧脚。

圆角柜的形式

圆角柜有带底座和不带底座两种形式：不带底座的圆角柜四腿直接落地；带底座的圆角柜在腿足以下加了一个底架或底座。

当初人们加底座的直接原因是因为南方地区气候潮湿，将柜子架高后有助于柜内物品隔潮。而加了底座后，增加了柜子的总体高度，使之看上去更加修长，给人一种亭亭玉立的美感，一举两得。于是这种形式便流传开来，不仅沿海地区如福建、江苏等地制作的圆角柜多带有底架，不少内陆地区制作的圆角柜也带底架。但在多年使用中，因各种原因不少底架已经失落，只剩下柜体。由于当初制作圆角柜时，不仅柜体与柜架之间比例协调，柜体本身各部位比例也很匀称，即使底架丢失，柜体仍可单独使用，所以圆角柜是丢失了底架，还是本来就不带底架，

人们往往不太在意。

圆角柜的柜体与底架有分体式和联体式两种类型：分体式即柜体与底架各为单体，摆放时将柜体坐落在底架上，失落底架的圆角柜大部分属于分体式；联体式的圆角柜，柜体与底架是连体制作的，外表看上去像两部分，实际为一整体。如果丢失底架，往往是人为造成的。

20 世纪 80 年代初，笔者曾在某硬木家具厂见到一对从苏州地区购进的紫榆木带底座圆角柜。该圆角柜就是联体式的，柜子的腿足与底架的腿足一木连作。而且底架的腿足比一般的腿足都长，足有 40 厘米，给人留下深刻印象。由于此柜制作年代较早，紫榆的抗朽性能又不太好，底座的后背板和腿足有不同程度的朽烂。工匠们在修整时本可撤

换后背板，适当锯短腿足就是了，可是他们却图省事，三下五除二，将柜体腿足从底架上齐根锯开，扔掉了底架。由于留下的柜体比例匀称，不知底细者很难发现破绽，摆在店里，几天后就卖掉了。殊不知，当初的工匠在制作柜子时，正是因为考虑到腿足易朽坏才预留得较长，以便后人随其朽坏而逐渐截短。岂料得，今人急功近利，古人的一片苦心顷刻间化为乌有。如此"修复"，破坏了原物的个性与完整性，实在令人痛惜。

圆角柜的底架亦有多种形式，有的带抽屉（图7），有的不带抽屉，有造型简练的架格式，也有有束腰炕几式（图8），腿足有垂直落地的，也有马蹄足式的，形式多变，不胜枚举。

标准式样的圆角柜造型简洁素雅，正面看去多为两个板式柜门。在标准式样的基础上，还演化出不少变体圆角柜。本文提供的圆角柜线图（图5、7、8、9、10及11）正是圆角柜的一些变体形式的代表。图中所提及的制造年代、产地及木料等，只是一般性而言，并不是严格的规律。

变体圆角柜包括亮格式圆角柜，就是将柜子的上半部做成三面空敞的亮格，下半部仍保留两个板式柜门的式样。这样，亮格中可陈设书籍文玩，柜内仍可存放物品。这种亮格式圆角柜传世实物不少，亦有黄花梨制品，说明其曾十分流行（图9）。

图7 带底座圆角柜：底座似一个有抽屉的小矮桌。相同及类似形式多见于清中期至晚期福建地区的鸡翅木制品。

图8 带底座圆角柜：底座似一个有束腰马蹄足的炕几。相同及类似形式多见于明至清前期的黄花梨及榉木制品。

图9 亮格式圆角柜：相同及类似形式多见于明代苏作黄花梨制品。

又如，气死猫式圆角柜也很有特色。所谓"气死猫"指的是一种由圆形或方形截面的细木条攒接而成的几何纹棂格。若以这种间隙细密的棂格形式制作食品柜，家中宠物可望而不可即，故而得名。气死猫式圆角柜就是将柜门、侧山、后背等部件做成这种棂格形式，几何图案有冰裂纹、风车纹、栅栏纹（图10）等。以这种方式制成的圆角柜不仅看上去空灵、文雅、有生动的立体空间感，而且有良好的通风性能，非常实用。另外，将圆角柜做成气死猫形式还有一个鲜为人注意的原因。同样一批木料，如果做成标准式样不够，做成气死猫式可能就够了。因为棂格都是用一条条的小材攒接而成的，总体用料比板式圆角柜要省。尤其是以圆材为主体造型时，用料可随坡就棱，最大限度地利用木料，不失为实用、美观、省料的成功设计。

虽然亮格柜式圆角柜和气死猫式圆角柜都属于变体圆角柜，但大体上仍保留了标准圆角柜的基本形式。除此之外，还有一些形式和结构变化更大的圆角柜。例如，架格式圆角柜，柜体上部为隔成数个空间的架格（图11）。又如，专门盛放中药的无柜门圆角柜，柜膛自上而下设置数十具小抽屉。这些变化更大的圆角柜制作年代一般较晚，特别是盛放中药的圆角柜几乎都是晚清制品，这类柜子在制作时主要考虑实用方便，忽略了造型美，艺术价值不高，因而不太为当今收藏界重视。

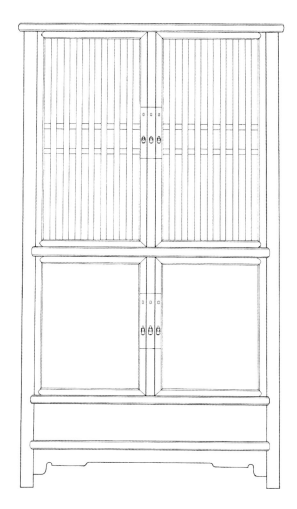

图10　棂格柜门圆角柜：相同及类似形式多见于明晚至清中期浙江地区的各种硬木及软木制品。

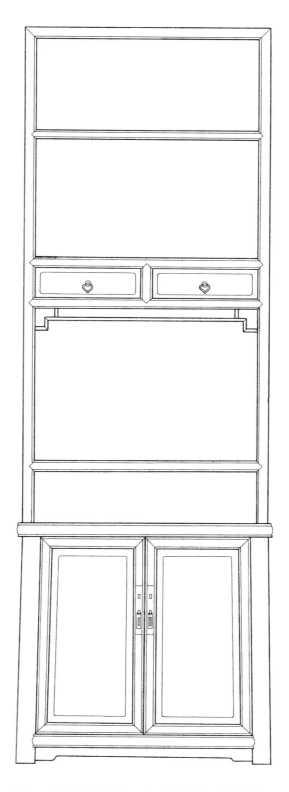

图11 架格式圆角柜：相同及类似形式多见于
清代山西等北方地区的核桃木及楸木制品。

圆角柜的装饰

圆角柜特有的造型为施加不同的装饰提供了广阔的用武之地。首先从柜门面的装饰谈起。

圆角柜的门面不仅面积大，而且最显眼，是充分展示木料天然纹理的好部位。木纹如行云流水的黄花梨、如羽翼生晖的鸡翅木、如宝塔旋纹的榉木等等，都可在此得到充分展现。选料时若能找到上等大材，将其对剖为一座柜子的两扇门，甚至一对柜子的四扇门，使其花纹对称、平衡，集木纹自然美与对称美于一体，是再惬意不过的事了。

瘿子木曾为古人所钟爱，亦是制作面心的好材料。瘿子木其实就是树瘤，各种树都可能长树瘤，自然就有了各种瘿子木。常用于家具的有楠木瘿、黄花梨木瘿、桦木瘿、杨木瘿、柳木瘿、榆木瘿、花梨木瘿等。瘿子木质地有软有硬，色泽从淡黄至金黄再到棕黑，纹理更是变化万千，人们常根据想象为它们冠以各种美称，如芝麻瘿、核桃瘿、虎皮瘿、山水瘿、龟背瘿、兔面瘿、满面葡萄瘿等等。一般来说，仅凭肉眼很难准确区分不同树种的瘿子，至于瘿子面的称呼，本来就是见仁见智，按其形象起的名字，纹理像什么就可以叫什么，大可不必过于认真。瘿子木一般以图案精美、分布均匀、富于变化、色泽焦黄有包浆者为上乘。

竹子历来受文人青睐，古人有"一日不可无此君"之言。圆角柜的柜门也有采用贴镶竹片和贴拼竹黄工艺的，其中贴竹黄者仅见于小柜。贴拼竹黄又称贴黄，即将竹筒内壁的黄色表层取下后贴在柜门表面。贴黄的圆角柜柜门，图案多用龟背纹和几何纹，富韵律美，加之清雅的色泽，令人赏心悦目。

除了上述各种简洁素雅的装饰手法外，也有不少圆角柜的柜门是被施以浓妆重彩的，常见的有雕饰、百宝嵌、描金彩绘、嵌螺钿等。这些装饰手法均可造成极为喧炽热烈的效果。

多年来，常有人把明式家具装饰风格与简洁素雅画等号，其实不然。以圆角柜为例，装饰繁复者占相当比重。例如，采用雕饰的明代圆角柜，在柜体表面浮雕云龙纹、花鸟纹，图案致密、刀法犀利、粗犷不羁，雕刻手法类似于同时期的剔红漆器。又如，百宝嵌者，在柜门表面镶嵌珊瑚、象牙、松石、琥珀、玉石、玳瑁等，五光十色，异彩斑斓，与明代大红大绿的五彩瓷器风格相同。北京故宫博物院、美国、英国等国家的一些著名博物馆及私人收藏中都有重彩装饰的明代圆角柜。这些着重雕饰的圆角柜大多不是黄花梨制品。

其次，再来看看圆角柜的线脚装饰。用不同的线脚突出每件家具的个性是明式家具又一个装饰特点。有人称线脚是明式家具的语言，不无道理。这种装饰不需要额外增加无使用功能的部件，不会因装饰功能而影响家具的使用功能，是一种自然得体的装饰手法。

纵观事物变化的规律会发现，构成某种体系的基本要素越少，这种体系反而越复杂、越富于变化。明清家具的榫卯结构机巧无比，但说到底都是凸与凹的结合体。而明式家具的线脚无论怎样变化，其实也都是凸与凹，即工匠称之为"鼓"与"洼"两种基本形式的变化与组合。通过大小不同、深浅有别、弧度各异的鼓与洼组合成形态多样的线脚，可给家具的整体效果增色添辉，甚至可因此而改变一件家具的个性和风格。

工匠们为一些常用的线脚起了形象动听的名字，如瓜棱、荞麦棱、剑脊棱、泥鳅背、馒头圆、指甲盖、一炷香、排笔线、灯草线、皮条线、一鼓一洼等等。这些名字或取于自然物象，或来自生活家什，叫起来朗朗上口，亲切自然。这里将退一步斋所藏八件圆角柜的各柜帽及腿足的线图，排列在一起，以供读者比较、品味、欣赏（图12）。

名称	腿足线脚	柜帽线脚	柜帽形状
圆角炕柜	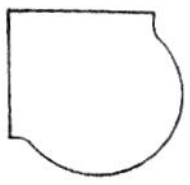		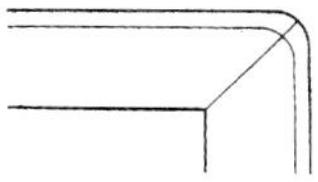
小圆角炕柜	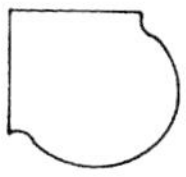		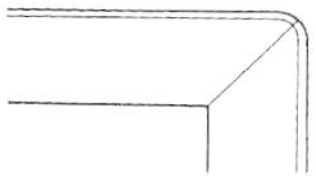
方材圆角炕柜	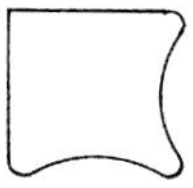		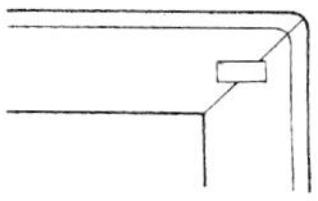
抹角柜帽圆角柜			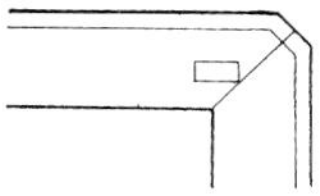
有柜膛方材圆角柜			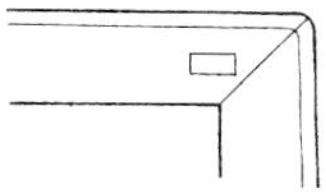
瓜棱腿圆角柜			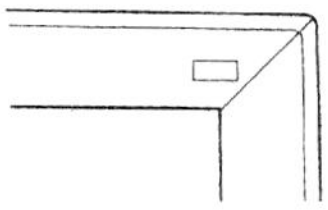
方材带底抽屉圆角柜			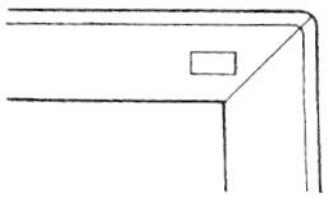
带底座圆角柜		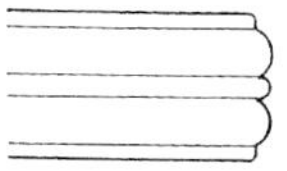	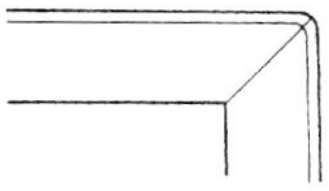

图12 退一步斋藏八种圆角柜之腿足及柜帽线图

最后来看看金属饰件。圆角柜所用金属饰件各部件名称如图所示（图13）。面条是这套饰件的主体部件，安装方式有平贴和平卧两种。平贴，即将面条平摆浮搁在柜体表面，然后用屈曲和钮头后面的金属条将面条与柜子的门框穿结固定，退一步斋的圆角柜采用的都是这种方式。平卧，则是用扁铲将柜门安置面条的相应部位铲出与面条大小厚度相同的平底凹槽，使面条恰好平置在内，与柜体表面齐平，看上去很利落。为了结实，往往事先用凿子将面条背面剔出许多毛刺，再敷上漆胶，面条与柜体就牢固地粘在一起了。钮头中间有孔，可使穿钉穿过以固定柜门，亦是锁孔。屈曲也称牛鼻环，与作为拉手的吊环活接。吊环也称吊牌，可以自由摆动，当作拉手使用时，从哪个角度把抓都不会硌手。

设有闩杆的圆角柜有三片面条，不设闩杆的硬挤门式圆角柜只有两片面条。有些圆角柜不设屈曲，只有钮头，兼作拉手。

圆角柜的金属饰件形制简单古朴，配在柜门上，大中见小，静中有动，有画龙点睛之功效。旧时，传统家具的金属饰件多由铜铺以生铜铸成，或由铁匠铺用生铁打造而成。制作时并无固定模式，从工艺、用料到造型，可以自由想象，随意发挥，加之手工操作、单件生产，因而形式多变，花样繁多。圆角柜的金属饰件除常见的光素饰件外，也有采用镶嵌、冲压、錾花等工艺制成的。铁饰件里还有采用"烧蓝"工艺的（现代人已将"烧蓝"工艺发展成"法蓝"工艺），多用于柴木圆角柜。圆角柜的金属饰件造型丰富多彩，仅以吊牌为例，除常见的长条状，还有双鱼、蕉叶等，数不胜数。

需说明的是，传世明式家具的铜饰件，多数并非原配件，改配的时间可能在不同的历史时期。限于当今的鉴定水平，除了近年新配的铜活较易辨认外，其他年代的尚不能准确判断，有待进一步研究。

话说至此，想到一个未解之谜，为何圆角柜也称为"面条柜"？熟悉明清家具的人士均知，"面条柜"是工匠对圆角柜的别称，至于出处，有人言是因为圆角柜的门轴多用圆材，并常用混面起线等线角，一条条形状如食品中的面条，故而得名。显然这种解释十分牵强，王世襄先生在《明式家具研究（文字卷）》（80页）中，已予以否定。

依我之见，"面条柜"一称应来自其柜门上的金属饰件——面条。因为，柜类家具所用金属饰件有面叶、合页、面条等不同形式，唯独圆角柜因为是肩轴门，所以不需安装合页，仅用面条或面叶便足够，但大部分圆角柜都采用面条（图14）。其他类型的柜子，如方角柜、万历柜，因为不是肩轴门，还需安装合页，柜门正面往往采用面叶作为配套饰件（图15）。饰件"面叶""面条"所用的"面"字，含义为"表面"，与食品"面条"所用的"面"字只是同音。"叶"和"条"分别指两种饰件的形状，一为草叶状，一为条状。金属饰件"面条"与吃的"面条"虽然同音，词义却是风马牛不相及的。

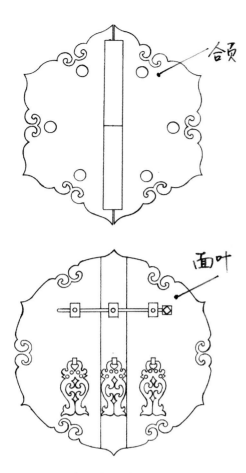

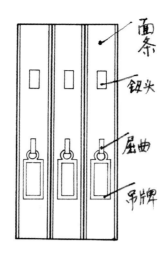

图13　圆角柜金属饰件各部件名称

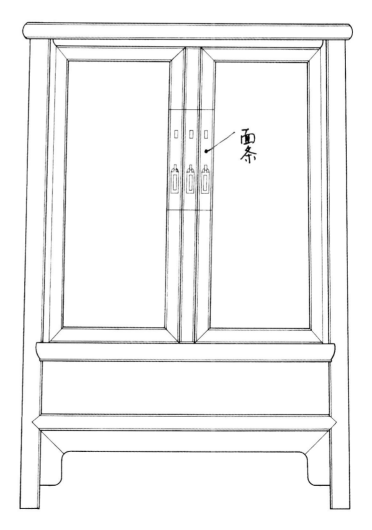

图14　圆角柜只需用面条

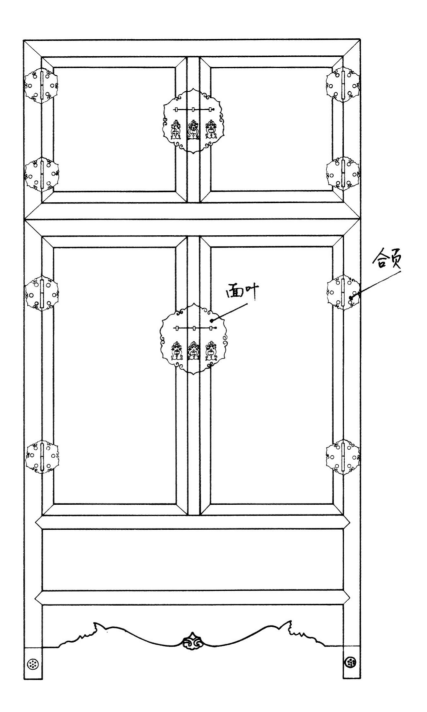

图15　方角柜需用面叶、合页等金属饰件

带底座圆角柜（成对）

黄花梨　　明代

产地：江苏或安徽

柜帽84厘米×43厘米　高181厘米

四扇柜门面心板均为一木剖作黄花梨独板，纹理美观
对称。分体式底座，座面宽厚的拦水线。此对圆角柜
工料绝精，且底座为原配，殊为难得。

四扇柜门面心板均为一木剖作的黄花梨独板，纹理对称，甚为美观。

此对柜子的侧山板均为一大一小两块板拼接而成,
其中每块大板的花纹都是相互匹配的。

此柜无闩杆，无柜膛，柜内设屉板一层及抽屉两具，柜门有穿带四根。

后山的二根穿带设在柜子外面

柜帽的边抹、腿足、门框边抹、底枨均起甜瓜棱线脚。底枨下装牙条、牙头，挖委角。

原配的底座为分体式，座面四边起宽厚的拦水线。

柜帽装板内外刷槽

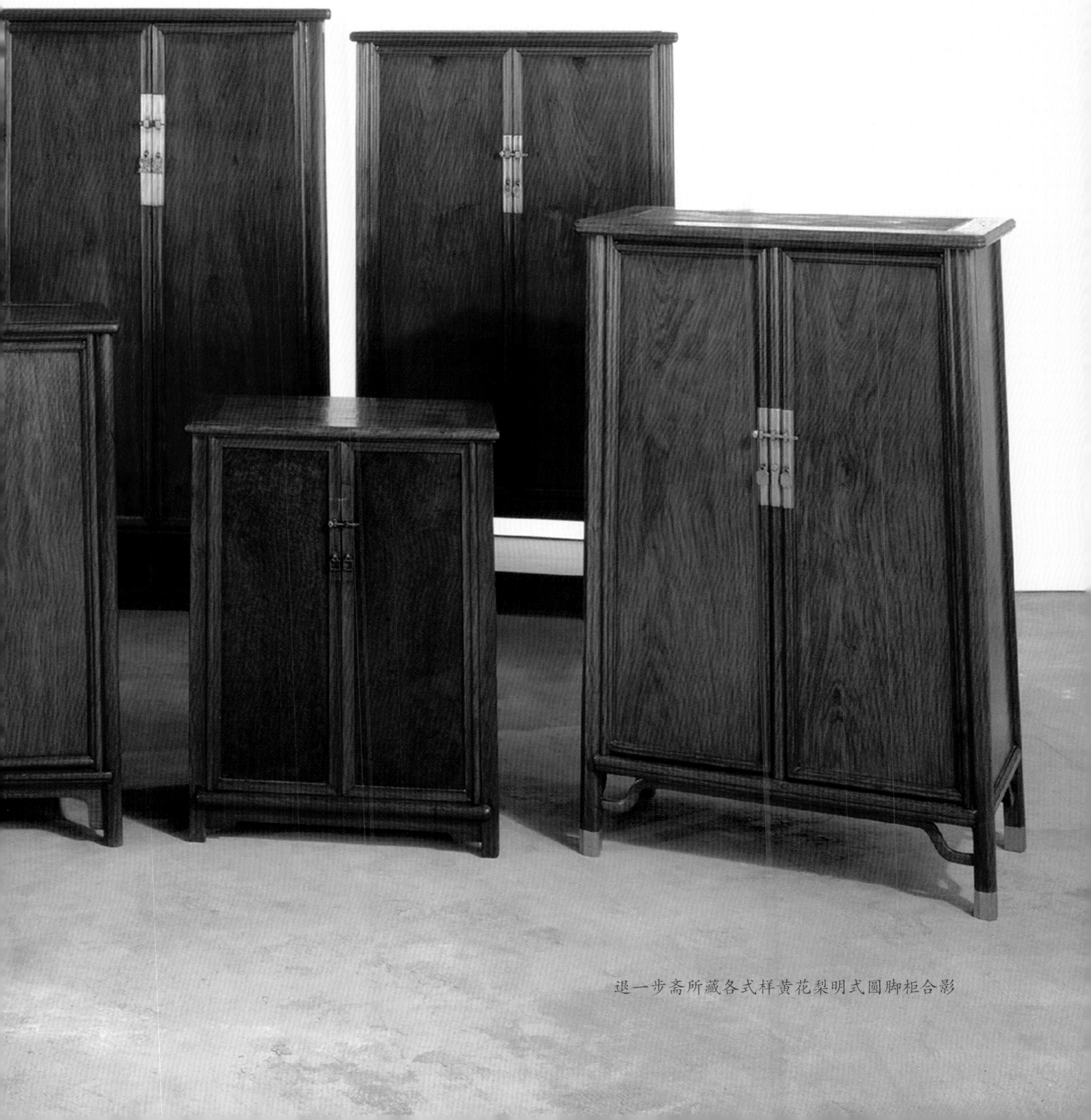

退一步斋所藏各式样黄花梨明式圆脚柜合影

尾　语

以上仅就圆角柜的结构、作工、造型、装饰等内容作了简浅的介绍，目的在于探讨明式家具在设计与制作中的个性化、富于变化的特点及其变化规律。当前，对明式家具的研究已达到相当深的程度。对明式家具的鉴赏，也从仅仅注重外表美，深入到内在的结构艺术美。若要全面、准确、深刻地认识明式家具，就需要站在更高的层次，从人文、社会、历史等角度来审视、评价这一中国工艺美术史中特殊艺术成就的形成与发展。这种研究，既要有高起点，又应脚踏实地，运用实物、文献、工艺技法三者相结合的方式来进行。本文正是遵循这一研究方式写作的，权作一种尝试，旨在抛砖引玉，将此项研究全面深入地开展起来。

1997 年 7 月 1 日于北京

备注：明版附有家具画样或家具图的古籍可参阅《鲁班经匠家镜》《三才图会》《燕几图》《蝶几图》《梓人遗制》等，清代则有《看山阁集》等。

颐和园收藏的珍贵清代宫廷家具

田家青

过去，提起对清代宫廷家具的研究，人们的想象总会离不开故宫，三十年前，我也以为如此。而如今，可以肯定地讲，要研究清代的宫廷家具并对其有全面和准确的认识，也离不开颐和园。

所谓的清代宫廷家具，是指清王朝为配置紫禁城、圆明园、避暑山庄以及各地的行宫所特别制作或采办的家具，是自康熙至乾隆百余年间的一项浩大工程。总体而言，这些皇家禁地内的家具到乾隆晚期已基本配置陈设完毕，总数有几千件，这类家具以材美工精并有特殊的风格而著称，在中国艺术史上占有一定的地位。

历史上，紫禁城虽然也遭受过列强的入侵，但未发生大规模的破坏性抢劫，因此整体而言，宫中当年陈设的家具至今基本保存完好。而当年陈设家具更多更精美的圆明园及各地的行宫，因备受劫难，现在连建筑都已无存，人们自然会认为，当年这些建筑物内的家具必然也都被毁掉了。因此，才产生了"研究清宫家具只有依靠故宫"之说。

三十多年来，经过对海内外的公、私收藏家具的调研、考察，我逐渐发现并意识到当年圆明园的家具并未全部被毁，其中一部分后来辗转流散到了世界各地，今天包括欧洲、美洲的各大公、私博物馆和文博机构，以及一些重要的海内外收藏家手中，都有相当数量的散佚的圆明园家具，这其中聚集最多最精的当属北京颐和园。对此，我曾撰写了《清宫圆明园家具初探》一文，叙述了对圆明园家具逐步的认知过程，此文收录于《紫檀缘》（文物出版社，2007年）一书中。

当今，颐和园所藏的珍贵家具，有些是开放陈列的，还有相当数量存放在库房中，在这些家具中，我看到了颇多以往未曾见到过的奇特品种和式样独特的家具，以及一些比我们以往见到的同种类家具更富变化或制作更为精美的家具。

本文收录的家具仅占颐和园所藏总数的一小部分，但相信对于学术研究人员及古典家具收藏、爱好者，已有足够的惊喜。

下文将对本书所收录的近三十件我以为十分重要或较为特别的家具侧重于鉴赏的角度，作一些介绍。

十二件奇特的清宫家具

一、紫檀有束腰方桌式长方鱼桌

在库房中见到这件鱼桌后心头一颤,虽然这些年来每年也能见到几件新发现的好家具,但这种感觉已经很长时间没有过了。

首先,这张鱼桌是迄今为止,我所发现的唯一一件年代早到乾隆时期、紫檀制作的专用方桌式长方鱼桌。

此器无疑是一件特殊且精心设计、制作的家具。鱼桌四面的绦环板上采用平陷地阴刻的技法,镌刻名家[①]所绘博古花卉图案,这

在清宫家具中是极为罕见的实例。

此桌的制作工艺,包括雕饰,均极其精致。清宫的紫檀器本以工艺精湛而著称,但实物见多了自然会感悟出,其中亦有高下之分,可分为极精、精及一般三个等级。属第一等者见到后能令人过目不忘,但达到这种品质的是极少数。紫檀是自然生长的植物,个体之间质地也分高下优劣,也可分最佳、较佳和一般三个等级,属最佳的紫檀料,其木质致密,比重大,有油性,色泽较深,纹理细润,

---

① 邹一桂(1686-1772年),号小山,江苏无锡人。雍正(1727年)进士,官礼部侍郎,赠尚书。善工笔花卉,设色冶艳。尝作百花卷各系一诗进呈,亦蒙御题绝句百首。著《小山画谱》《小山诗抄》。

达到这种品质的紫檀比例是较少的。而此桌在选材和工艺上均属最高等级。

从艺术鉴赏角度评价，此桌虽装饰过于繁复，但这正是那一时代的特征，表现出当时的审美取向和风格。此件鱼桌是一件典型的乾隆时期清宫紫檀家具的标准器。

类似于其他门类的古代器物，一般而言，作为观赏、陈设性的器物比实用器要精致和讲究，此方桌式长方鱼桌就是一个实例，印象中还没有哪张实用性方桌或长方桌能在装饰、做工上媲美此桌。

二、紫檀有束腰雕龙纹大罗汉床

此床虽是罗汉床,但尺寸巨大:长 278 厘米、宽 176 厘米,甚至大于尺寸较大的大架子床。

显然,这是一件设计者试图通过体量、纹饰、材质来尽显皇权而不惜工本制作的家具,连背围子的背面亦满雕云龙。此种做法,我以往所见罗汉床中是未有的。

在以往研究中,常能强烈感受到清宫家具是政治的产物。此床即是一个很好的实例:当对此床拍照时,参与工作的全体人员,包括摄影师、维修木工、搬运工都纷纷不约而同提出希望工作完成后能与此床合影留念,这在我几十年拍摄家具实践中是从未遇到过的。但当他们颤悠悠地坐上去后,又都声称头有点晕,马上下来走到床的背后站定。看来,当年设计者突出皇权威严这一目的确实达到了。

此器因其巨大,所以结构上采用了全部部件活插的设计。将之从室内搬至室外拍照的过程中,我有机会逐一仔细考察了其结构

设计和每个部件的用料、选料，又一次印证了"紫檀罕有大料"的事实①。因大边和牙子都是用无拼接的紫檀整料制作，且质地上好，每根大边重逾百斤，凝重温润的质地给人有搬抬"天物"之感受。

旧时，紫檀家具制作，一般采用的是"量材制器"的方法，最大最长的料大多会用来制作画案等大案的两根大边，稍小一号的做床的大边及长牙，再下来制作大四件柜的主柱。

北京故宫博物院藏有一件造型、雕饰与此床完全一样的罗汉床，唯长度为269厘米、宽168厘米，比此床稍小，很可能是测量位置不同产生的误差。相信这两件罗汉床应是当年成对制作，制成后分陈两处。故宫博物院在其出版的《明清家具》（下）（《故宫博物院藏文物珍品大系》，上海科技出版社，2002年）收录了那张床，并将之定名为"红木九龙纹床"。我未见故宫这件实物，从照片可看出应是一件典型的紫檀器，希望有机会能确认。

① 对于紫檀，自古民间就有个说法："紫檀无大料，且十檀九空。"这一直是关于紫檀形态最为流行并被普遍接受的一个"说法"。确实，大部分紫檀原木尺寸都较小，且生长弯曲不直，多空洞，但我们亦发现有多件清宫的紫檀家具是由大料、甚至可称"巨材"制作的，只是这种大料极罕见，民间常人难见，故有此误。因此，此说法改为"紫檀罕大料，且十檀九空"更符事实。

三、鸡翅木嵌乌木平头案

此件平头案设计上有明式家具的含蓄，工艺上兼清宫家具之精致，装饰文雅且适度，比例关系完美到无可挑剔。以我之见，具有这样特征的家具属于明清家具中最难得的珍品。为此，曾在 2003 年 9 月将其著录于《明清家具鉴赏与研究》（文物出版社，2003 年）。此次，有机会以更清晰完美的拍摄和更多的局部照片重新出版，使之风采得到更全面充分的展示。

自《明清家具鉴赏与研究》出版后，此件平头案就成了各古典家具厂竞相仿制的对象，至今的几年间很多仿古中式家具店中都能见有此器的仿品，这也表明此件平头案设计之经典。惜对比观察，所见的多件仿品中，没有一例能神形兼备媲美原器，而多数与原器对比相差甚远，其中有的仿品看似工整，但呆滞欠神，即是鉴赏家们所说的"没味儿"，

疑是采用机器雕工。就工艺而言，此器之绝就绝在既工整又不呆板，有人情味儿，其境界绝非当今一些欠缺文化修养的工匠和冷硬机器加工可以做到。

四、紫檀有束腰嵌瘿木十二生肖扶手椅

　　清式扶手椅，也俗称"太师椅"，是入清之后逐渐兴起的一种坐具，是清代家具中最流行也是制作数量最多的一个品种，所见传世品多为清晚期红木制品，真正有较高艺术和工艺水准的比例很少。相比之下，此扶手椅在传世众多的扶手椅中不仅年代较早，且含蓄、优雅，无疑属较成功之作。

更重要的是, 相信此套扶手椅原有 12 件,
是一套以十二生肖为主题的家具, 这在至今
已出版的中国古典家具类图书中还是首例,
其历史和文物价值应不逊于当今备受国人瞩
目的圆明园十二生肖兽首。

五、平头桌、案六张

清代家具以注重装饰、注重变化而著称，以桌案类家具为例，往往对其束腰、牙子部位施以各式装饰。以往，我们见到此处的装饰手法已相当多，而此次书中收录的六件桌、案，其束腰、牙子的装饰各具变化，有的创意是以往未曾见过的，这为我们对明清时期桌案类家具的认识和了解提供了新的实例，以下逐一简介：

1. 紫檀嵌棕竹丝冰梅纹平头案

案面和腿足的看面嵌棕丝为装饰，牙子和牙头采用了较罕见的"平陷地"法雕冰梅，凸起的冰梅亦起"洼儿"和雕饰，比常见的阴刻冰梅具立体感，属于典型的紫檀做工工艺。

2. 紫檀有束腰云头条案

牙子下挂通体的如意云头牙条，有连续
的韵律感，雅致且构思奇妙，以往出版物中
未曾见有。

3. 紫檀高束腰外翻马蹄腿条桌

特高束腰是广式风格的一大特征，此束
腰内为龟背纹锦地。

4. 紫檀雕西番莲纹平头案

西洋卷草花卉和谐、统一地雕饰在中式云头造型的牙头内，花茎流畅自然，似应为宫中西洋画家绘制，是典型圆明园风格的家具。

5. 黄花梨藤纹平头案

以模仿藤品编织为装饰，设计构思奇巧独特，令人称绝。

6. 紫檀有束腰拐子纹条桌

拐子是清代家具最常用的装饰，巧施于牙子与腿足，以往未曾见有。

六、紫檀有束腰雕椰树西洋图案宝座

这是一件典型广式风格的清宫家具。用料之巨是广式风格特点之一。例如，此件宝座为三弯腿，有家具制作经验的人士会有体会：三弯腿形式多用于较矮的家具，因为三弯要用大料挖出，腿足越高、弯度越大越费料。此宝座不仅高且腿足弯转弧度大，看着不起眼，但记忆中多年所见到过的紫檀木料中，没有一块能大到足以挖出此宝座的腿足，用料之奢令人咋舌。

从其新颖的造型设计、完美的各部件之间的比例关系、三弯腿翻转的曲线和曲率、精美的图案、融洽的中西结合风格、极精选的用料和精湛至极的制作工艺，行家一眼就能判断出这是一件当年作为精品重器、由艺术家设计并直接参与、历经多年才能完成的传世经典之作。

七、紫檀插牌式座屏底座

这是一件残器，原器上部何式样、何种用途，待方家教之。

将此物收录在书中，主要是因其雕饰的特殊和精美。在第一眼"瞟"见这件底座时，以为它是一件黄花梨器，因为其造型、工艺、雕饰图案的特征都属典型的"黄花梨工"[①]，酷似常见的明晚期、清早期的明式黄花梨座屏，但其精美的雕饰吸引了我。当时，此器满满蒙了一层浮尘，拂去灰尘后，浮雕更显动人的凹凸感，同时发现了此器是用质地上乘的紫檀制作，如此做法的器物并不多见。

"传神""精神头儿"是雕饰的最本质追求，若达到此境界，能让人从内心与之产生美的共鸣，而到这种水平的雕饰十分少见，故而此器堪称典范之作。

① 在传统硬木家具的设计和制作中，古人根据不同木料色泽、木性等特征，对应有不同的设计和加工工艺，如对紫檀器施"紫檀工"、黄花梨器采用"黄花梨工"。熟悉家具的人往往不用看木料，从一件家具的造型风格和工艺特征，甚至从一张黑白照片就可以基本判定其用料，但此件座屏是个例外。

巧用金属饰件的四件紫檀家具

巧用金属饰件是清代家具的主要特征之一，能大大增强家具的装饰性。当年，因造办处有"錾花作""镶嵌作"，为家具上配置饰件提供了条件，这是民间家具制作无可比拟的优势。本书收录的四件紫檀家具采用的不同形式的金属饰件，不仅很精美，亦有代表性。

一、紫檀有束腰嵌银丝包鎏金铜包角条桌的金属饰件

鎏金厚重的大云头包角为整件家具增饰提神。

细心的人，从以上局部的照片可以看到铜饰件的安装方式大有讲究，有紫檀、黄花梨家具制作经历的人对家具的金属饰件必会有以下两点体会：其一，金属饰件看似简单，但做好甚难，比做好家具难得多；其二，安装好金属饰件更难，十位好木匠中必能培养出一位身怀绝技的木匠，但未必能出一位掌握好铜活安装工艺的人。

二、紫檀有束腰包鎏金铜包角夔龙纹炕桌的金属饰件

三、紫檀有束腰仙鹤纹宝座底座的金属饰件

嵌装"披肩式"铜胎画珐琅包角。

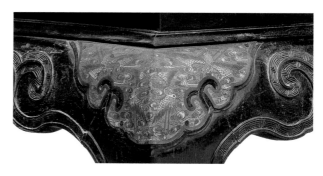

四、紫檀有束腰嵌玉镶鎏金铜包角六方凳的金属饰件

錾花鎏金的包角与玉石相映烘托装饰效果。

五件漆器家具

除了以上介绍的木器家具，颐和园还藏有相当数量的漆器家具，其中不少显然是宫廷制作的。漆器家具，尤其清代康雍时期设计制作的宫廷家具，在工艺、技法、品种上都较前朝大有拓展和进步，应在艺术史上占有一定的地位。惜漆器家具传世实物少，研究相对薄弱，民间、收藏界对漆器家具也不如对其他类型文玩那么热情重视。因此，漆器家具是一个有待深入研究和弘扬的领域。

对此，特选录了五件漆器家具，分别是戗金细钩描漆分体式多宝格、戗金细钩填龙纹有束腰平头案、黑漆描金云龙纹有束腰大宝座、黑漆描金山水纹炕桌、罩漆灵芝纹多宝格。

上述五件家具，各代表一类漆器家具品种。在拍摄这些家具的照片时，我们对摄影师提出了更高的要求，根据漆器的表面特点布光用光，并以较多的角度和局部表现，使图片能真实准确地表现每件漆器家具的特点。

在这五件漆器家具中，"黑漆描金云龙纹有束腰大宝座"是一件极为经典和杰出的清早期漆器家具。20 世纪 80 年代，我在撰写《清

戗金细钩描漆分体式多宝格

戗金细钩填龙纹有束腰平头案

代家具》中不仅收录了此件宝座，而且最终从收录的 150 件家具中将其选中作为书的封面，因为它很有代表性，堪为一代名器。此次，我们更是以更多的视角全面展示了其风采。

以往，业界对木器家具的年代普遍定得偏早一些，例如原来一些被认为是明代的黄花梨家具，后来证实其实很多是清前期的。而对漆器家具，尤其清代的宫廷漆器家具，年代则定得偏晚，例如，一些以往认为是乾隆时期的漆器家具及器物其实是设计制作于雍正甚至康熙年间。判定偏早的原因是受艺术风格的干扰，认为凡是工艺特别精细、装

黑漆描金云龙纹有束腰大宝座

黑漆描金山水纹炕桌

饰特别繁复的清宫器物都是乾隆年间的。

在此，有个现象顺便一提：现今，有些古典家具厂常用木料，往往还爱用非常珍贵的硬木木料，如紫檀、红木仿制明清时期的漆器家具。这是在原则上走入的一个误区：首先，木器家具和漆器家具有各自的特性，在设计理念上两者是不同的。其二，漆器家具虽然大多也用木料做胎体，但其所用的木料多为软木，其木性与硬木大有不同，而且漆器家具的木胎骨架与木器家具在结构、榫卯和制作工艺上的做法也不相同，在装饰上，绘制、填、嵌，从纹饰到工艺方法与雕饰也存在不同。两者有的可以相互借鉴或仿做，有的不能仿做，否则不伦不类。

罩漆灵芝纹多宝格

此次出版图书在筛选家具中的一些特殊的发现

一、檀香木制作的家具

当我们进入一间地下室库房，门一打开，一股微微的檀香木的清香迎面而来，沁人心脾，循着香味寻找，看到了这件全部用檀香制作的小炕桌（俗称"彻"活；就是彻彻底底由一种木料制作）。以往，檀香多作为家具上的一些部件使用，在出版物中收录完全用檀香打造的清代的宫中家具，本书为首例。

炕桌和可折叠炕桌是清宫大量制作的家具种类，有相当多的传世实物，而此炕桌的发现，增加了人们对这类家具更全面的认知。

檀香木炕桌

二、树根和仿树根家具

在不少的清代宫廷绘画中都可以看到树根家具，其实，这种家具有两类：一类是确实用树根为原料制作的家具，一类是用木料仿树根。可以肯定，当年这种家具曾十分流行，传世至今的却并不多见。此次特意收录了两件，一件是用紫檀大料挖成树瘤形的仿树根炕桌，另一件是用树根制作的宝座，此件家具在树根家具中属较复杂的形式，且带原配的足踏。原为两件成对，其中一件已残损。

树根拼攒宝座

三、有残损的家具

颐和园还藏有相当数量的有残损的明清家具，其中很多是令人称绝的珍品，依残损状态可分为三类：较轻残损，多为开散或少量部件丢损；中度残损，有主要部件丢损；残损最重的仅余残件。其中前两类完全可以通过专业的精心修复使其重生。此次我们打破了家具出版的常规，收录了几件残器，如紫檀云龙纹宝座、紫檀插牌式座屏底座，在专家和真正家具爱好者眼中，它们都属心中的维纳斯，仍然是完美之作。

即使是残件和一些饰件，因为可以看到榫卯和内在的做工、工艺，在行家眼中更是难得之物。

当我从一堆堆家具残料中看到一块块、一条条明显的官造家具残件时，总会眼前一亮，它们虽已残损，有的只剩下很小的残片，但仍能从中感受出过去曾有的辉煌。从学术研究角度看，类似瓷器的碎瓷片，极为珍贵难得。

相对于颐和园藏有的如此之多、之精的乾隆时期清宫家具，其中有些明显应是圆明园的遗物，此次，本书仅收录了六十余件，仅占颐和园所收藏的近三千件明清家具的一小部分。相信继续整理、研究，还会有更多的新发现和惊喜。

2012 年于北京

紫檀云龙纹宝座

这张照片是我 58 岁生日那天拍的。应颐和园管委会聘请编写《颐和园藏明清家具》，那天去选家具和拍照，我一大早就赶到文物库，按管理要求，认真地填写了进库登记，永久地保存在颐和园文物库的登记簿上了。当时我选了两件特别精彩的家具，一件是乾隆时期的紫檀小案，锦底雕饰，案子表面形成的包浆特美，俗称"耗子皮"包浆，据我所知，古旧紫檀家具表面形成的这种状态的包浆，不仅古意盎然，最为迷人，而且是当今造假作伪者所无法造出的。另外一件是雍正时期雕填多宝格。我们抬出来搭上背景纸开拍，摄影师王志文说在这里我比找来的搬运工还卖力气，所以给我拍了这个"标准像"。

研究古代器物，最需要的是实物调研和考察，这是我早期研究清代家具时遇到的最大困难，甚至是难以克服的障碍。颐和园收藏的家具这么好的原因我早就心里有数：这些家具基本都是圆明园内的陈设，当年圆明园被烧，并不是所有房间、所有东西都烧掉了，幸存的家具很快就都流失到了社会上。后来慈禧修建颐和园，需要好的家具陈设。她通过内务府向民众发布公告，回收了不少。当年负责回收社会上流散的圆明园家具的官员是赵庆，人称庆小山，我去过他后人的家中，见过几件他当年利用职务之便截留收藏的几件家具，精美至极，其中三件收录在我编写的《清代家具》书中。推想当年清政府收回了不少。收缴上来的家具，有些有伤残的没有放在颐和园使用，就都放在了园内大库房，有几百件之多。这批家具一直没有被外人看到。颐和园园长跟我交谈时，幽默地说："我知道这批家具的重要性和唯一性，深知责任重大，对这批藏品特别重视，小心翼翼，认真管理，外人根本不会让进，我们算是替'老佛爷'看好了这批宝贝。现在有点能力了，希望你帮个忙，我们把其中的一些家具出版展示出来。"所以我是极少的非颐和园文物管理的人员能够看到这批东西的人，激动和兴奋的心情不言而喻，这是我过得最愉快的一个生日。

《颐和园藏明清家具》（聚珍版）田家青总策划，北京市颐和园管理处编，文物出版社，2011年。

再谈紫檀和紫檀家具[①]

田家青

[**引言**]对什么是紫檀、怎样鉴定紫檀，在文物和古典家具业界原本并没有太大的认同问题，本人也曾于1989年撰文《紫檀与紫檀家具》，作为附录收入《清代家具》一书。近些年来，随着一些珍贵木材进入中国，更因紫檀家具的身价不断提高，越来越多的人开始对紫檀发生兴趣，有了各式各样的"说法"，甚至制定了国家标准。本文在《紫檀与紫檀家具》一文的基础上，再明确和阐述一些个人观点，作为补充。

首先，应特别强调一个客观的历史事实，即，在中国"紫檀"一词原本并不是一个科学化的名词，而是古人（前人）从美学角度出发，基于对某些具有特定质地、色泽的美材的激赏，以感官为标准而约定俗成的一个名称，与从植物学分类出发、科学化一对一地以树种命名根本是两回事。

若从古文献着手考证紫檀，似乎应先考证出汉字"檀"的最早出处及演变，搞清历史上其准确的含义，再找出"檀"与"紫檀"可能存在的相应关系。但至今似还未见有相应的研究成果，待对此有兴趣的古文字学家专题考证。[②]

当今已知的出现"紫檀"一词的较早的文献出自晋代[③]，此后的一千七百多年间，紫檀一词在各时期的古代文献中不断出现，这期间，不可能有科学仪器和手段来鉴定木材，所以有理由认为，古人一直是依感官来鉴定紫檀的。

若一定要用文字表述出感官评定紫檀的标准，似可定义如下：质地密（即比重高、手感重），色泽沉稳（并非一定是红或紫色），木纹纹理生动(往往有游动的小纹丝)，具文气，木质油润似角质，手感温润，叩之声如响板（打击乐队用的檀板）。当然这种鉴定的前提是要见过较多的不同材料，才能对比辨识出以上诸特征的差别，并需要有一定的木材和家具知识，是一件实践性很强的工作。

相类似，在我国广大地区，与"檀"有关的木料，还有"黄檀""白檀"；查阅《现

---

① 此文章撰写于20世纪90年代初，未曾出版发表。

② 先秦《诗经》中有"坎坎伐檀兮"，已出现"檀"字。

③ 晋代崔豹行著《古今注》中记载："紫梅木，出扶南，色紫，亦谓之紫檀。"

代汉语词典》（中国科学院语言研究所编，商务印书馆，1973年），还有"青檀"一词。相信这些名称的木料都与紫檀质地、密度相似但色泽大为不同。它们也是古人按照感官而区分的，并非能严格地找到一一对应的树种；并且也是民间自古以来约定俗成的行业名称，例如，"黄檀"未必仅指植物学名为"降香黄檀"的黄花梨。

历史上究竟有多少种木材曾被人尊为紫檀，以及它们都产于何地，如今很难定论，但至少可以肯定，在古人的眼中紫檀绝非只有一个产地的一个树种。

近些年来我国从印度进口了数量不少的紫檀，这种紫檀其植物学名称为 Pterocarpus Santatinus，也被称为"檀香紫檀"，俗称"小叶紫檀"。这种木料与大多数清代紫檀宫廷家具所用的木料在植物学分类上是相同的，但这并不能表明紫檀只此一种。造成有人认为紫檀只有印度所产一种的误解的主要原因是，年代早于清代的传世紫檀器原本就很少，又都散藏在屈指可数的一些重要藏家手中，尤其多是在海外的藏家手中，常人难以见到。回忆三十多年来，在大陆见到的可以确定是明代的紫檀器少到都能一一列数，而近年用印度紫檀制作的仿明代家具则多得数不清，其中有不少作伪已有相当的水准，无一定鉴赏力难以辨真伪，这就容易让人产生错觉，以为紫檀只有一种。

此外，对于紫檀不只是一种的事实，除了有传世实物证明外，在家具修复实践中的一个现象也有说服力：多数的清代宫廷紫檀家具在修复中，若有缺、损部件，选用印度产的檀香紫檀，只要参照原物认真选料，在下料中注意选择好开料的入锯角度，一般能找出表面状态相近的配料，部件稍做旧后基本可以与原器相吻合，且修复后的家具随着使用时间越长，配件与原物在感官上的差距会越来越小。而另外一些个别传世的紫檀器物，如年代较早的，尤其是一些小件的文玩，无论如何精挑细选，无论怎样下锯解料，也无法从印度檀香紫檀找出可以相匹配的材料。若硬配上去，因配活木质明显地与原物不同，所以无论怎样施以表面处理和做旧，都不能与原器"说上话"（工艺用语，表示相配），而且修配后家具放置时间越长，差距反而会越明显。

在硬木家具制作业界及古玩界，一直约定俗成地把紫檀分为三类，即"金星紫檀""鸡血紫檀"和"牛毛纹紫檀"。

应特别说明，这种判别主要是根据解料剖开后的木料表面特征，而相同的一个树种，因生长时的环境不同（阳面或阴面，山上或山下、南坡或北坡等）、生长时与邻树的间隔疏密、及土质肥沃与否等综合原因，每棵树在质地上都会有相当大的差别。例如，近年来从印度进口的紫檀，其个体之间的密度差异甚大，好者掂起来如铜似铁，差者入水都不沉。加之解料时解锯的角度以及同一棵原木不同部位的差别（二膘皮最好，心材最差），都会造成同一种料出现较不同的表面特征。所以，工匠们所称的"金星紫檀""鸡血紫檀""牛毛纹紫檀"，并非一定就代表三种不同树种的紫檀，且可能都是印度的檀香紫檀，匠师们对开料角度不同的同一种紫檀会叫出两个名称，听上去很荒唐，但这并不奇怪。

此件轿椅是北京故宫博物院收藏，被定为：明代，花梨。（见《故宫博物院藏文物珍品大系 明清家具（上）》，36页）

从其照片可以判定，这是一件典型的出自清宫造办处之手的乾隆时期紫檀器，因为此件家具的紫檀工特征太明显了。

示意图：

木料的纹理与开料时下锯的角度有直接关系。平行轴线切割，花纹长而直；斜切，纹理短；如遇疤结、分枝、杈子处花纹更是变幻莫测。

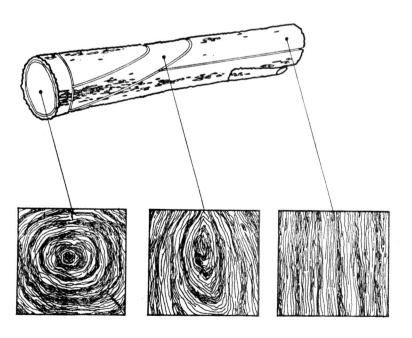

对有亲自动手制作过紫檀家具实践的人而言，还可以从其加工中的几个明显不同于其他木料的特征来辨别紫檀。

1. 用刨子刨削时，紫檀木两面"戗"（音"枪"）碴儿，所以在平木时最好不用刨子推，而用耪刨耪。

2. 紫檀表面黏滞，俗称"肉"，锉时塞满锉缝而且很难剔出。

3. 若用刨子刨紫檀，会在刨底面沾上一条条细窄的红痕，这也是紫檀与红木在加工时的最明显区别，红木不会出现红痕。同理这就是紫檀质地虽好却不适合做刨床的主要原因，因为不仅其表面黏滞不顺滑，而且加工浅色软木会留下红痕。所以红木反倒是最理想的刨床用料。

4. 加工后的檀香紫檀表面会有深浅不一的小鳞片状，俗称"豆瓣"戗。

其实，在较高层次的古代家具鉴定中，辨别木料并不是死乞白赖"看木头"。古人在制作家具时，是根据不同木料不同的材性色泽进行设计和施工，在这一原则的指引下形成了某种木料对应有相应的造型和工艺，如"紫檀工""黄花梨工"等。所以，有经验的行家和收藏家，只要抓住了"紫檀工"这一核心，不必看木料，从一件家具的造型风格和工艺特性，甚至从一张黑白照片就可以基本判定出其是否为紫檀家具及其产地和时代；若有实际制作家具的经验，还能看出其是否为"贴皮子"或"包镶"的紫檀家具。与古人心心相通，这是最准、最可靠的判定方法。

通过现代技术研究将紫檀科学化，找出自古以来中国人心目中的紫檀木料所对应的树种以及产地，并建立起相应的科学测定标准，将传统以肉眼和感官鉴识转化为仪器的鉴定，有一定的意义，但这项研究的前提是必须以历史事实为基础，依据自古至今被公认的紫檀器为"标准器"，通过从这些器物上提取的木样建立起标准。以往植物学家就曾从植物学角度证明过紫檀，但他们所说的紫檀属性与明清家具用的紫檀差距甚远，所以一直未被接受。

无疑，此项研究不能仅仅由植物学家完成，因为近年来家具作伪尤其是紫檀家具作伪的方式和技术手段不断翻新，对有经验的专家都构成严峻的挑战，取样有误，一切皆空。

此外，只有获取足够数量的在不同历史时期有代表性的紫檀器作为基础样本，研究成果才能具有全面性和说服力，而做到如此实为不易，很难想象海内外哪家博物馆和重要的私人收藏家会轻易地让人从其珍贵的紫檀家具上取样做研究。

20 世纪 80 年代初，美国特拉华大学（University of Delaware）的一个研究小组曾开展了对紫檀的分类及鉴定的研究。他们的研究思路是：根据中国传统硬木家具表面不上色、不上漆而上蜡的工艺特征，采用现代分析技术结合植物学分类法开展研究。其方法是从古代紫檀器物表面上提取一个极小的木渣作为木样，通过放射光谱分析找到木渣表面渗透的残存痕量蜡分子，从而测出历史上这件紫檀器物曾被烫过多少次蜡以及每次上蜡的历史时期，而其中最早的一次上蜡，可看做此件器物的制作时期。同时，对此木渣做基因测定，确定其对应的植物学树种。

这种研究方式有三个优点：

1. 所需的样品尺寸极小，只是一个小木

渣，对被测定物件几乎不会造成损害。

2. 放射光谱分析是成熟的现代技术，测定的精度较高，据称误差在五十年以内，植物的基因测定又是木材分类中最准确和可靠的方法。

3. 此研究其成果不仅可以找到紫檀木对应的植物学树种，同时也就判定出了我国历史上不同时期所用的紫檀，有助于进一步探讨其产地和来源。

此项研究首先由多名中国古典家具专家从现藏于海内外各博物馆及私人收藏中筛选出各时期的紫檀标准器为研究对象，并协助从这些器物上提取出样品，从而把握住了这项研究最根本、最关键的环节。到了90年代中期，已测定了近百件样品，获得了初步的成果，但因未能得到现存于日本的唐代紫檀琵琶、日本皇室所藏的紫檀棋盘、新疆出土的几件唐代紫檀器以及宋代"高尔夫"马球杆的木样，还不能得出最终结论。不论此项研究何时才能完成，其成果水平如何，其研究方向和严谨的学术态度令人尊敬应予肯定。

反观我国，90年代末期，中国林业科学院一位教师自称要主持建立包括紫檀、黄花梨在内的珍贵木料国家标准的人士来访，希望得到帮助。听完他的叙述，不禁惊讶他对完成这样的课题竟设想得如此简单，对木器家具竟如此无知。我建议他应先了解一点古典家具的基本知识，至少应搞清黄花梨木的颜色。同时，我也直言相告，植物学中早有紫檀的分类，但与古典家具的紫檀不是一回事，要重复植物学的工作，最好注明：古典家具所用紫檀与植物学所说的无关。

但仅几个月后，《红木国家标准草案》竟真的出台了，因其主要内容受到文物界、古典家具界以及收藏界的强烈质疑，以致曾在北京组织了一个研讨会，包括朱家溍、王世襄等所有来会专家对此草案表示了一致的明确否定意见。大家都很担心，一旦如此荒唐的"国家标准"颁布，会使原本并无认同问题的紫檀和黄花梨等珍贵硬木家具鉴定发生混淆，会上，面对所有专家的严词批评，此位标准起草人一言未发，但是，事后显然相关部门并未听取业界的意见，红木国家标准GB/T18102-2000出台，按此标准，紫檀、黄花梨等硬木被归于红木。这些年来的实践证明，此标准在社会上造成了混乱，这是人们最不愿意看到的。在2008年的中国古典家具学术研讨会上，与会的专家学者一致敦促有关主管机关认真审查"红标"，中止其执行或将其永久废除。

对于紫檀，在民间流行有一些"说法"，其中有的有道理，有的却值得商榷，在此列举几项：

说法之一："紫檀无大料，且十檀九空"，这是关于紫檀木料形态最为流行并被普遍接受的一个"说法"。确实，紫檀大都尺寸较小，且弯曲不直，多有空洞。但是，历史上也有多件大料制作的紫檀家具，如北京钓鱼台国宾馆藏有一件大架几案。其案面长度近3.5米，两根大边都是由无拼补的紫檀大料制成。故宫太和殿东西两侧各陈设一件巨型大四件柜，每件柜子通高3.7米，清宫档案记载这对大四件柜分别制作于雍正和乾隆时期，都是由巨材制成。上述的这几件家具出处明确，都是非包镶、无贴皮子的实木紫檀重器，这说明紫檀不仅有大料，还有不太空心的大料，

这是一根尺寸巨大的野生（非养殖）印度产紫檀（俗称"小叶紫檀"）原木，于20世纪80年代进入中国，通长310厘米，大头最大直径47厘米，小头最大直径26厘米。色泽光亮幽黑，敲击声如磬，通体遍布丝纹（细牛毛纹），此料油性（密度）甚好，至心部不黄，殊为难得。右边的坐墩（腹径45厘米、高45厘米）作为体量对比的参照物。

只是这样的料数量极少，常人很难见到，因此，这一说法改为"紫檀罕大料且十檀九空"更符合事实。

说法之二："紫檀都会沉于水。"水的比重为1，若木料密度高（比重大于1），就会沉于水中。就整体而言，紫檀密度较高，比重较大，会沉于水，但就个体的每根紫檀木料而言，因其生长环境以及个体上的差异，有个别的紫檀木质较疏松，油润度也较差，比重就较小，并不沉于水。而且，即使是一根材质很好、密度较高的紫檀圆木料，各部位的密度也并不是均匀的，一般是越靠近心材的部位质地越差，密度就越低，这就会出现在同一根紫檀木材上因取样位置不同而出现有的木样沉于水而有的不沉于水的现象。

说法之三："紫檀放入酒精中会掉色，而红木不会掉色。"这是历史上至晚从民国起就流行的一种鉴别紫檀的"说法"。二十

多年前，我就对此做了实验，证明凡有颜色的木料包括后染色的木料，放在酒精中都会掉色，而且红木泡出的颜色与紫檀泡出的颜色并没有多大的区别。这一结论发表在了《Orientaion》杂志并收入《清代家具》一书。文章中还特别以"注"的方法公布了实验所用的材料、方法。但近二十年过去了，这一说法不仅继续流行，还有发展：现行的说法是：放在二锅头酒中，紫檀木屑会"喷血"，似"蝌蚪游动"，为此，又特购不同品牌之二锅头酒，用多种深色硬木木屑试之。结论是未能看到所谓的"喷血"，各种木屑在酒精中的溶解散发方式并没有本质上的区别。此外，还有撕一小木条看其燃烧后弯曲程度等江湖上的说法。其实，从一个人观察家具的方式、举止，可基本判别出其水平：直眉瞪眼、没完没了用各种招数辨识木头的，在刁钻古董家具贩子的眼中，基本属于给"药"就吃的

"棒槌"。见到一件古旧家具就钻到底下，从背里找破绽的，多是让假活、改活骗怕了的，惜当今的拆、改、修、配、做旧已难被"看"出来了。那些不动声色、能从全盘审视家具的人士，往往是高手，因为一件家具，其整体与细节、结构与工艺、用料和流派、年代与包浆都是有相互关联和统一的。从其中不统一之处可判定出真伪、拆改情况及背后的人和故事，这是鉴赏的较高境界。在这一级别的专家、行家和收藏家间，三十多年来，我未曾听说有为一件家具是否紫檀而发生难解的争议，这也就是本文一直强调的"紫檀家具在业界原本并不存在认同问题"。

说法之四："紫檀珍贵，所以紫檀家具也珍贵"。

这是近年来一些制作紫檀仿古家具的厂、商家热衷宣扬的一个观点，鼓吹因为紫檀（包括黄花梨）会越来越稀少，所以紫檀黄花梨家具不论好差，今后都会升值。

本质上，这是做不好家具而偷换概念的一个说辞。家具的价值主要取决于艺术水准，取决于结构和工艺的高下。不论何种木材，一旦制作成家具，"木已成舟"，其性质就发生了本质的改变。

明清时期的紫檀家具日益被世人珍视，并不仅仅是因为料贵。在中国历史上，紫檀器物并非属于商品，大都是按艺术和工艺品的创作规律为特殊阶层制作的，传世的紫檀器中很少会发现有式样完全雷同者，可为证明。明清时期的绝大多数紫檀家具在艺术和工艺上是成功的，这主要应归功于组织、设计和监造者。明式的紫檀家具，是在文人的参与下打造的；清代的宫廷家具，是由宫中的东西方艺术家联手设计、在严格管理下制成的，每件器物从构思、设计到制作完工，少则一两年，多则十几年，往往要制作纸样、蜡样、甚至实木小样，反复修改并完善后再做成，与当前大规模办工厂批量制作仿古家具、以赢利为目的的模式有本质不同。

不少人将当前市场上出现粗糙的仿古紫檀家具的责任归罪于当今工匠的手艺低下。其实真正的责任者是让其放下农具就干紫檀活儿的组织者。透过每件俗恶家具，展现的是背后审美低下且唯利是图商家的嘴脸。

有人侥幸地以为家具做坏了，还可以修、改，至少拆了可重新用作木料。事实上，一旦木料制成家具，因为受榫卯制约，失调的比例关系、粗糙的工艺，根本无法修改。犹如一幅俗恶的绘画，再高明的画家恐也无回天之力。

另外，几句话一吐为快：

传世的紫檀家具生来原本就是给极少数特权阶层的。近年来迎合收藏热潮，包括广播、电视节目等各种形式的大众收藏活动越来越多。人们可以从中学到文物知识并得到娱乐，但收藏、捡漏绝非那么容易，而鉴定并非如此的简单，更糟糕的是，由于"真""伪"器存在太大的金钱差距，越明白的人越不敢参与鉴定，不敢说。我在此能说的是当前，"捡漏""淘"出一件上好的明清紫檀的概率实质上是零。而且"捡漏"占便宜的这种思想更不应该提倡。

其实，能辨明什么是实、什么是虚、什么是编故事，不被重复一万次的谎言所迷惑，比有能力鉴定紫檀更重要亦更有意义。

高束腰嵌玉、嵌檀香画桌

清乾隆

材质：棕竹、紫檀

即便是传世的古代紫檀家具，也有高下之分，以上这件画桌制作工艺之精湛达到了前无古人、后难超越之境地，亦是笔者见到的最精的几件紫檀家具之一。（北京故宫博物院藏）

实践出真知。几十年来设计和亲手制作紫檀家具的经历，使我对紫檀和紫檀家具有了些切身的体会，分享如下：

第一，虽然说紫檀有大料，但是大料不仅难得，而且若超过一定长度，尤其在两米五之上，珍稀度和价值是呈几何级数增长的。这就是为什么大画案和大高柜子尺寸稍长一点，价钱要成倍的主要原因。

第二，紫檀圆木的出材率之低，低的程度，若没有亲手制作过紫檀家具的人，根本无法想象，更不能理解。有个有意思的规律：凡是愿意接受用顾客自己提供紫檀木料给人家定做家具的，一定是初入行的新手，肯定没有好结果：人家拉来了一大摊的圆滚滚的紫檀圆木，要做的东西既不太大也不太多。他就应下说料是足够了，可干着干着就发现料竟然不够，只得自己添，但成活之后连他自己都不相信，这么多料才出这么几件家具，剩下一大堆碎料，纵有一百张嘴，说出大天儿，顾客从心里都认为是被骗，倒换贪污了他的料。这里的这个新手犯了两个错：一是高估了紫檀的出材率。二是紫檀要因材设计家具，不能先指定式样和尺寸，强行开料。

第三，打造紫檀家具最折磨人。

在各种珍贵木料中，以打造黄花梨家具最痛快，黄花梨木料温润木性稳定而且加工性能特别好，无论是刨、凿、锯、磨都非常顺手，而且还飘着阵阵淡淡的香味，沁人心脾，打造黄花梨家具不仅降血压，还开窍不易患感冒，真是修身养性，美！而打造紫檀家具最惨，紫檀木天生的就是个刺头：木性不稳定，味道有点呛不说，它的木质肉、艮、粘刨底，饯刨子，塞锯齿，嘎凿子，煳砂纸，

就别提有多气人了。刨削紫檀几乎不会刨出完整成片的刨花，都碎成渣沫，钻到衣服里，鼻孔里，嘴里老是苦涩的，干一天紫檀活像从煤窑里出来的，浑身刺痒不说，紫檀本来就是染料，走到哪都染一片紫色，还特难洗干净。

在中国传统家具制作行业中，历来把木料看作人，天人合一，而紫檀木料是有了名的"脾气大难伺候"。打造紫檀家具，真的就像和一个特别嘎的人办事打交道，就拿开料来说：常是为开出一个部件要开废多少根原材，大都因出现空洞或开裂废掉了，紫檀木的空洞往往是暗藏在里面的，且无规律延展生发。顶糟糕的是，料好不容易开出了，等经过几个月处理烘烤干了，开始加工制作，可几刨子下去，本来好好的表面，又露了个窟窿，真是把人气得想撞墙，只能重新开料，再等经过几个月处理烘烤干。紫檀家具贵是有道理的。总之，在我加工过的诸多硬木中，紫檀木是加工性能最差的，但是紫檀木的质地坚硬柔韧，称得上是最好的和适合雕刻的木料，无论雕刻的图案有多么纤细，都能够保证雕工可以任意发挥，更因为紫檀木没有大花纹的纹理，可以突出表现雕刻的图案，紫檀的色泽使木雕在质感上有特殊的美感。另外，质地坚硬且柔韧紫檀可以做极小极细的部件，我曾经实验过用木头做表，发现只有紫檀木可以做成游丝。紫檀的这些独有的优点又让人对紫檀喜爱的不行。

第四，传世的明清紫檀家具，包括宫廷内檐装修，都有采用包镶或者是贴皮子制作的，主要目的是为了节省紫檀木料。但是对于包镶或者是贴皮子家具不能一概而论是偷

这是一根锯开后的檀香紫檀木，原木长约1.5米，直径约25厘米，圆滚滚还挺直的，两头看都没有空洞，非常漂亮，似是一根实心的好料，可惜锯开后，里面竟是像溶洞一样的大空洞，这种情况的木料连尺寸很小的椅子枨都开不出来，出材率基本是零。

工减料，所谓包厢（镶），可以理解是一种厚的贴皮子。例如清宫中四库全书的书格都用楠木作骨架，目的是取楠木木质稳定，不易变形开裂，且家具不是太重，绝不是偷工减料。而贴皮的家具亦有精美之器，对于如何判别包厢（镶）和贴皮子家具，不能靠肉眼找拼接的木缝，如果谁要说他能肉眼从工艺上找到破绽，看得出来是贴的，那就不可信了，因为这是二郎神的眼神，对于有过训练的好细木工而言，拼缝接口做到肉眼看不到是基本功。尤其紫檀表面多是小游丝纹，没有大花纹参考，黑乎乎的能见到才怪。贴皮子的家具应从造型上判断，对有鉴赏力的人而言，从照片一眼就可以识别得出来。

第五，粗制滥造的紫檀家具是否可以改好？答案完全是否定的，因为不仅有榫卯的限制，而且造型没法再处理，各部位的比例关系极其微妙。添一分多，减一分少，别提多奥秘了。我自己设计制作紫檀家具的程序是：先按着料的情况设计一个家具的造型，画出图纸，做纸样，四分之一模型，二分之一尺寸的模型，原大的便宜木料的模样，最后反复修整，才真正动手做的家具，

紫檀木制成了好的家具后就如同陶土经过了火的高温变成了精美的陶瓷，就别提多招人喜欢了，那种油性的质感和游动的纹理让人着迷，紫檀的色泽和质地配上合适的造型会展示出特有的庄重，沉稳，和富有内涵的质感，没有任何木料可以比。

紫的颜色符合中国人庄重的审美心理。清代是外族人统治汉人，从心里就觉得缺乏正统的底气，所谓缺什么补什么，所以清朝把家具作为了建立正统意识的标志，以举国之力打造家具，所用的木料呢，贵人吃贵物，加上紫檀的沉稳，想建立正统地位皇帝从中找到了感觉，使之成为清代宫廷家具的首选用材，因为有宫中的东西方艺术家设计监制，来自全国精选的良工巧匠，有的家具竟是用工几十年，跨越两代皇朝完工，才成就了清代宫廷家具的辉煌。

紫檀家具本来不具有商品的属性，可这些年来很多人都想拥有几件紫檀家具，可又没有足够的经济实力，商家为迎合这市场就采取了你要多便宜我能给你做到多便宜的战略，可您想这事能没毛病吗？又不像名牌的箱包，高高的价格中有太多的是品牌的附加值，是虚高，所以高仿的箱包可以一半的价格做得质量并不差多少，可紫檀家具是实实

在在的，从材料到工艺都是实打实，所以这些年来在制作紫檀家具中各种偷工减料的损招、浑招、坏招全都用上了，每个环节都有各种让人脑筋出窍的猫儿腻。我不好一一点破，这些年来这样的俗恶低劣的"紫檀"家具卖得实在太多了，买了的人若明白了，会多伤心啊，所以不能点破。我能说的是好的紫檀的家具绝对不可能便宜，而且应是极昂贵。当然贵的紫檀家具也不一定准好，可便宜的一定好不了。

再说说古董家具市场的情况。当今特别推崇黄花梨家具，在古玩和艺术品市场上，黄花梨的家具身价高过紫檀器。实际在历史上，在中国人眼里紫檀家具是最贵的，而且据我这么多年看来，经眼的明式紫檀家具连黄花梨家具的十分之一数量都没有。真正的出于清宫造办处的在中西方艺术家精心呵护下制作的紫檀家具总数才2000多件，是属于极其珍贵的艺术品。

近20年来，除了出了大量的粗制滥造的低劣的紫檀家具之外，还有不少仿古造假的紫檀家具，在金钱的驱动下，一些作伪家具确实造得真伪难辨。已见有很多被不明就里的人收藏，并大量收录于出版的各类图书中。糟糕的是，明白的人、说话有分量的人都不敢说真话，而假专家比假货还多。对紫檀家具的鉴定，真正的行家，从气场上就能鉴别真伪，靠气场鉴定是难以达到的最高境界，让收藏家都成为鉴赏家不太现实，这里我向大家透露一个绝招：就是至我写这篇文章为止，紫檀家具的做旧表面的各种式样的包浆基本都可以做到天衣无缝，唯独有一类，至今做不到，这就是俗称的"耗子皮"包浆，

这个词不好听，可它形容得非常确切，家具的表面就像耗子皮的感觉，当今以这个特征来判断应该是准确的。

想再说点儿这么多年憋着没说的话：您如果仅是一个富足的人家就别指望家里一定用紫檀家具，这是忠告，否则你也买不到真好的。如果您不是特别富有，没有足够的心理准备，就先别紫檀家具的玩收藏。

当今信息这么透明，有那么多比猴王都精的古玩商，想捡漏的结果就是栽到坑里。

上面的这些内容不是生意经就是工匠的事儿，写的还挺贫的，不像专家学者，我深深地体会到实践的重要性，怎么强调都不为过，我并不认为是学者就比工匠身价高。学问和实用知识同等重要，我的体会是：获取实际的知识的难度是比做学问要难得多，且更需要有天分。

这是一件利用紫檀下脚料纯手工制作的缝纫机模型，尺寸小到可以放在手掌中。除了外形以外，它几乎还原了缝纫机的内部传动结构，有个部件直径细如发丝，但是仍然能够实际操作。在全世界所有的木材中，似乎只有紫檀可以做到如此的境界。

2020年11月

对圆明园家具的认知过程①

田家青

若提起圆明园的家具，人们一般会认为：圆明园都被焚毁了，家具当然也都被焚毁了。三十多年前我也是这样想的，但随着对清代家具研考的不断深入，我逐渐发现并意识到：圆明园陈设的家具中有相当数量并没被毁掉，而是流散到了世界各地。现将这一认识过程介绍如下。

20 世纪 70 年代末，我开始为编著《清代家具》着手做准备（此书后于 1995 年由三联书店香港有限公司出版）。清宫家具在清代家具中占有重要的地位，当然是一个重点。

而所谓的清宫家具，是指清王朝为紫禁城、圆明园以及包括避暑山庄在内的各地行宫所陈设的家具。这一研究领域当年还是空白，所以准备工作要从原始的文献调研和实物寻访两方面来展开。

对于探访实物的方向，有位老专家相告"研究清宫家具离不开故宫"，因为当年大家都认为，圆明园家具被烧毁了，而紫禁城内的近两千件家具从未流散出宫，从道理上讲，民间不太会有清代宫廷家具。记得当年北京文物商店负责分类处理在动乱中所查抄家具

的两位行家也告诉我：在送来的成千上万件抄查的明清家具中，不少是出自王府、贵胄和文化名人之宅邸，其中确实有一些精美之器，但很少见有"恭做"（"恭做"是当年北京文物商店一个流行的行话，指精工细做的宫廷御用器物），大清乾隆的"恭做"家具更是一件也未见到。

鉴于此，我将全力放在了北京故宫博物院。几年间，一有空就去故宫，除了看陈列的家具，亦成了故宫修复厂（当年称"科技处"）木工房内的"常客"，观看了不少珍贵宫廷家具的修复。那些年参观故宫的游人不太多，陈列呈半开放式，可以近距离或直接与家具接触，时间长了，陈列管理人员产生了信任，允许我拍摄了一些用于研究的资料性照片。但我不是故宫的人，只是一个业余家具爱好者，故宫的藏品显然不能由我来首次发表，况且资料性的照片也不符合高质量出版的标准。所以，怎样为出版《清代家具》找到足够数量且具有代表性的家具成了一个难题。

文献调研也在同时进行，主要是阅读几

---

① 此篇文章为《中国古典家具》研讨会论文，撰写于 2008 年，在会议上宣读。

类有关清代宫廷家具制作、使用、陈设的档案，将这些档案结合起来，就会对有清一代皇家家具制作活动、陈设地点以及陈设方式有较全面和系统的认识。例如，档案显示：自康熙中叶起，造办处的家具制作活动一直延续了近百年，打造的家具主要陈设于紫禁城和圆明园。当年造办处木作有两处工场，一处设在紫禁城内，另一处就在圆明园。查考档案能够感受到，当年木器营造活动的重点更侧重于圆明园，圆明园的总工程建筑面积约为15万平方米，与紫禁城大致相当①，紫禁城内现存家具两千多件。据此推断，到乾隆后期，圆明园内陈设的家具数量不会少于紫禁城。

在文献调研的同时，我还特别留意查找绘有家具的清宫绘画，因为清代的宫廷绘画中，写实风格的很多，有些画的就是圆明园室内的实景。其中的家具，比例真实，结构合理，甚至连家具的木纹都给予了逼真的再现，似彩色照片一般。在众多的这类绘画中，最有研究价值的是一套十二幅的《雍亲王题书堂深居图》，画中绘有圆明园陈设的家具三十余件，显示出清早期宫中家具的风貌。这套绘画的准确绘制年代是康熙年间，那时的圆明园仅是雍亲王的府邸，由此不难想象到圆明园后期，室内的家具会是何等的瑰丽和辉煌！

将在故宫观摩到的家具与文献和绘画研究有机结合起来，就能从风格、用料、工艺、装饰等诸多方面总结出其特征，并能对应地找出它们与民间家具的区别，自然也就具备了对官造的清宫家具的鉴识能力。

在研究故宫内家具的那些年间，我对民间所藏家具的调研也在同时进行。确实，民间很难见到宫廷家具，但在更进一步的搜寻中，我兴奋地发现，有些资深的收藏家，并不乏清代宫廷风格的家具收藏。

例如，我最早接触的画家黄胄先生，凭着其前瞻性和过人的艺术鉴赏能力，很早就潜心于明清家具的鉴藏，其藏品称得上是件件皆精。其中，有几件用料厚重的紫檀器，显然非民间器物，其中，最精彩的当属那一对具有典型清式风格的紫檀大多宝格（图1）。其独到的设计、精选的"满彻"用料（满彻是指整体家具，不论看得见的、看不见的部件，均用同一种贵重材料制做）、精湛的做工都明确地表明，这是一对清宫家具精品，此对多宝格后背还镌刻有"大清康熙年制"款识。这对多宝格后来被我收录在《清代家具》一书中，出版后，被大陆几乎所有的仿古家具厂家竞相仿制，以至于在当今几乎每家中式家具店和几乎每部有关清宫题材的影视作品中都能见到其"身影"，这也表明了其优秀和经典。如此精美的、大型的紫檀多宝格不仅在故宫没有见到，自我见到此器二十多年来，在世界范围内对明清家具的寻访中，也还未再发现可以与之比美的大型紫檀多宝格。

---

① 指到嘉庆年间，绮春园建成后，包括圆明园、长春园和绮春园的大圆明园。

图1　清宫紫檀大多宝格，20世纪80年代在黄胄寓所内拍摄。

当年拍摄这对多宝格相当不容易。王世襄先生在为《清代家具》一书写的序中有一段介绍"为了拍摄炎黄艺术馆的一对康熙紫檀大型多宝格，因不得移动，并须一日内完成，他请了三批专业摄影师，分别用汽车运载器材，到场所依次拍摄，目的只希望确保得到一张可用以出版的彩片。"

又如，在北京建筑专家金瓯卜先生家中，我见到了几件苏作风格的清宫紫檀家具。包括有：紫檀高束腰六方座面凳（图2），紫檀高束腰扶手椅（图3），紫檀高束腰方茶几（图4），紫檀有束腰带托泥长方几（图5），紫檀有束腰鼓腿彭牙炕桌（图6）。它们不仅十分"开门"（用来表示一件无可争议的真品），亦算得上是标准器。后来，我将这几件佳器也都收录在了《清代家具》一书中。

在民间寻访最大的收获是在80年代中期有机会结识了赵庆先生，见到了他家中的收藏（庆小山①）的后人，见到令人眼前一亮的十多件精美之极的紫檀家具。难得的是我不仅被允许反复研究、测绘，还获准请来专业摄影师对几件较完整的器物拍照，并将它们最终收录在《清代家具》一书中，见紫檀高束腰坐墩（图7）、紫檀有束腰展腿式方凳（图8）、紫檀夹头榫雕花小平头案（图9）。最令人难忘的是一对彩漆多宝格，形式之繁复、装饰之华丽可谓漆器家具之极致，只可惜残损严重，已无法从小房中搬动了，未能拍照出版，现今也不知流落到何处。

此外，20世纪80至90年代，北京硬木家具厂是家具迷和收藏家必"谒"的一个"圣地"，其前身是十几个老"鲁班馆"。晚清至民国时期，在北京东晓市一带的诸多"鲁班馆"以修复、经营古旧家具为业，每个店家都有一些特色的家具收藏。故50年代合营后

图2　紫檀高束腰六方座面凳

---

① 庆小山，又名"庆宽"，字筱珊，号松月居士，清代辽宁铁岭人，历任清宫内务府内郎、堂郎中、晋三院卿。内务府是清朝掌管皇家管禁、包括内管及圆明园事务的机构。清光绪年间，庆小山是被慈禧太后指定负责收缴因战乱流散在民间的清宫器物的主要官员。

图3 紫檀高束腰扶手椅
收藏家金瓯卜先生收藏的清宫家具 20世纪80年代拍摄。

图4 紫檀高束腰方茶几

图5 紫檀有束腰带托泥长方几

图6　紫檀有束腰鼓腿彭牙炕桌

图7　紫檀有束腰坐墩
赵庆（庆小山）的后人收藏的清宫家具
20世纪80年代拍摄

图8 紫檀有束腰展腿式方凳
赵庆（庆小山）的后人收藏的清宫家具 20世纪80年代拍摄

图9 紫檀夹头榫雕花小平头案
赵庆（庆小山）的后人收藏的清宫家具 20世纪80年代拍摄

的硬木家具厂藏有相当数量的老家具。给人印象最深的是厂里堆成小山似的家具库,其中就有令人震撼的清宫家具及残件。这些家具虽陆续被海内外收藏家购藏,但至今厂家仍存有一对在业界十分知名的楠木大四件柜。此柜顶箱立柜形式带余塞,高达3.5米,雕五爪龙纹,铜活为铸錾,采用平卧方式安装。作为该厂镇店之宝,没人怀疑其不是皇家御

图10 紫檀雕花鸟纹四件柜

用之重器。

北京琉璃厂东西二道街上的老字号、古玩店，如"宝古斋""虹光阁""韵古阁""敦华斋""庆云堂""悦雅堂""荣宝斋"等名店，各店当年都使用着一批珍贵的明清家具，这些家具多是早年各店的掌柜们花多年精力，一代甚至几代人收进好的卖出劣的，不断筛选淘汰保留下来的精品。我对其中陈设的一些有代表性的家具进行了细致的研究。记得有一对黄花梨条案，造型极为怪异，案面为"I—I"哑铃型，腿足为西洋建筑的柱子造型，承蒙店家的关照和理解，我曾多次观察，因其非明非清，当时很困惑，待几年后悟过来这其实是一件极珍贵的圆明园家具，再去却不知此对案子被移放何处。

当时，对这些故宫之外的清宫家具，我一直也在留意询问它们的出处，只是没有哪件能说得清楚，有的"故事"又没有来源可靠的依据。大家都认为它们应是当年各地行宫中流散的器物，那时谁也没有想到圆明园，为此，我还设法找了一张清代行宫的分布图（图11），并阅读了某些行宫的陈设档，但未能找到可以对号入座的家具。

图11　清中期清代行宫分布图

到了1985年，王世襄先生的《明式家具珍赏》一书出版，引发了世界范围内的明清家具收藏热，沉睡在中国大陆各地的明清家具被一批批发掘出来，很多都聚集到了北京，短暂停留后又被转卖到世界各地。对这种状况，很多人痛心疾首，但对于研究古典家具这是一个"空前绝后"的好时机。在最热的那些年间，几乎每天都有数以千计的古旧家具运来北京，在这些数不清的各历史时期家具中，各类家具的构成有个基本比例。往往几百上千件中才会发现一两件明式黄花梨家具，而见过十几件、几十件明式黄花梨家具中才会"有幸"见到一两件清代宫廷的紫檀家具，可见清宫家具流散在民间的数量确实很少。数量虽少，但却出现了故宫中未见到的

"新""奇"之器，令我大开眼界。唯让人遗憾的是这些被从天南地北"挖"出的宫廷家具，完整无损的已很少，更多的是一些残器，或仅仅是个残片、雕片。这些残器，混在各式残旧的民间家具中，因其绝精的用料和工艺，虽大都脏污不堪，仍能展示出其曾有的辉煌。在行家眼里，犹如砂中金粒，显得格外的突出，对于研究者而言，从残片可以更清楚地看到家具的结构和工艺特征，更具有特殊的价值，好似古陶瓷研究中的瓷片（见图12）。时至今日，这些残器、雕饰件也都成为藏家们眼中的珍品，而备受追求，也极难觅见了。

仅举几例：

1. 曾见一个紫檀宝座的靠背，连带残损的少半片扶手（图13a），当年是被当作残料处置。见到此物，在脑海中立刻浮现出曾在北京故宫博物院中见过的一张小宝座（图13b）。对比之下，相信没有人会怀疑这曾是一对同时设计制作的宝座，当年其中一张幸运地留在了故宫，完整地保存至今，另一件不知当年被陈设于何处，后又流散到民间，最终饱经沧桑，损毁成为残料。

图12　两片紫檀家具的残片，发现于20世纪80年代中期，尺寸分别是102厘米×12厘米、70厘米×11厘米。从其形状可知它们曾是一件腰圆形宝座的一片前牙和一片侧牙，均由上好的紫檀整料挖出，折算原材是不少于102厘米×12厘米×12厘米的大料，如此侈费的用料，令人瞠目。一片牙子已如此，可想全器用料之巨，显然这件家具绝非民间制作。

图13a　扶手残件　发现于20世纪80年代中期

图13b　紫檀有束腰梅花座面小宝座　北京故宫博物院藏

2. 曾见四件带金属框的透雕西洋花卉的紫檀挂件，其雕饰极富韵律，显然是宫中制品（图14）。但从其工艺特征尤其是安装金属框的装饰方式可以断定，此物原本一定不是装饰挂件，而是由某件家具上的残片改制，后来果然见到美国一位藏家的一张紫檀炕几（图15）。相比可见这四件雕件无疑原本是与这件炕几完全相同的两件炕几上的两侧足。由此，可推测同年设计制作了至少三件。从其风格看，这三件炕几不排除是被陈设于圆明园，散佚到民间后，一件流到了美国，完整保存至今，两件残损了，最后雕版被取下改制成了挂件。

20世纪90年代初期，我第一次出国参加明式家具研讨会，陆续结识了更多的海外收藏家，见到了很多带有典型西洋装饰风格的清宫家具。至此我已悟出，流散在民间如此之多、之精的宫廷家具，其中定会有一部分，尤其是那些式样特殊、借鉴西洋建筑形式和西洋装饰的家具，会是圆明园内的旧物，因为这种风格的家具显然不适合陈设在传统

图14　四件带金属框的透雕西洋花卉的紫檀挂件之一

寺庙建筑形制的行宫内。

当然最令我高兴的是，在海内外收藏家们的鼎力相助下，我获得了一些有代表性的清宫家具照片，丰富了《清代家具》一书的资料。

1995年赴美考察，先后去了堪萨斯、纽约大都会、波士顿等十几家藏有较多明清艺术品的大型博物馆。每一处停留一两周时间，每天到博物馆的库房里研究家具，见到了几

图15　紫檀炕几　清乾隆
美国私人收藏

百件各类明清家具，同时还看到了许多重要的私人收藏。

在这次考察中，除了探寻新的发现，我更多地将注意力放到了对比、归类和总结，因为已经具有了一定的数量积累，就可以依据设计风格、用料、结构、工艺特征，试着将这些散佚在民间的清宫家具分类归纳汇总，并与故宫内的家具相对比，慢慢地探寻出其规律特征。随着积累的各类支离破碎的信息越来越多，有些也就能互相拼补完整，有些还可以由清宫档案文献等史籍资料加以印证，一些历史事实也就自然浮现出来。清代圆明园家具的整体形象，逐渐在脑子里形成了，最终总结为三项主要特征：1.典型官造风格；2.带有西洋装饰或采用西洋建筑元素为构件；3.形式上更富于变化。几年后完成了相关的总结性论文《圆明园家具初探》，后收入《紫檀缘》一书。

因为家具上极少有镌刻年款及所陈设地的款识，对流散在民间的清宫家具，我们无法以确凿的"证据"说出其准确出处，但我自信，符合上述三项特征的家具，很大部分应是圆明园的遗物。

对于印证圆明园家具，还有一个途径：从清宫档案获知，当年设计圆明园时，有的家具是作为室内装修的一部分，即所谓"合着地步打造"，紫禁城内也有多处这样的实例。而当年宫殿的内檐装修大都是由"样式雷"设计并出画样，而多达几万张的"样式雷"画样传世至今，其中一定会有涉及圆明园某些建筑内的家具，若能查找出来一些这类画样，当然是对我们推测的圆明园家具最有说服力的印证。

**有束腰三屏风带多宝格
大宝座（手绘线图）**

此宝座原物现藏于欧洲某国某私立博物馆，体态硕大，最特殊之处是其两侧围子被设计成为两个多宝格，既威严又充满生活情趣，帝王可以坐在此宝座上把玩各种陈设的文玩（皇帝可真会玩）。如此款式的宝座在国内的博物馆中未见到，在迄今为止的著录中也未见，相信此件宝座极可能是圆明园的遗物。

40多年来曾经见有几件很特殊但当时又弄不明白其身世的家具，下面这两件家具就是如此。这两件家具都是美国皮博迪埃塞克斯博物馆（Peabody Essex Museum, Salem, Massach-usetts）的收藏，一直被认为是19世纪中国广东出口的外销家具，美国这家博物馆是收藏这类家具最多的一个博物馆，1995年我曾花了两个星期的时间在此博物馆做研究考查，绝大多数外销家具固有的特征就是中西结合的造型，表面光鲜里面较差，是典型的商品特征。唯独有几件特别精

彩，其中就包括这两件，见到时让人眼前一亮。亲手制作过家具必有体会，下心做好一点，原料成本和工时就直线上升，且要有好手艺，不是想花钱就可以做到的。这两件家具的原料、工艺，尤其是结构特征是不计工本的，所以不像是商品，当时我只想到了它们或许是当时西方特别客人的特殊定制。后来这些年我见到了一些清代的贡品家具，慢慢悟出，这两件家具很可能是清代广东制作的贡品家具，如果这个推断成立，那么它们更可能是圆明园西洋建筑内的陈设。当时我有心把这

黑漆描金缝纫桌

清中期

高73.6厘米

上盖两侧为澳门港景。此桌是18世纪我国广东地区生产的西洋式家具中的精品。

（美国皮博迪埃塞克博物馆藏）

象牙带镜梳妆台

清中期

高180.3厘米　长80厘米　深53.9厘米

材质：象牙

（美国皮博迪埃塞克博物馆藏）

两件作品也放入即将出版的《清代家具》书中，但是博物馆的收藏来自社会的捐献，无法确认这两件家具的具体出处。那时我对圆明园家具的认知还处于初级阶段，尤其是如何区分这类西洋风格的贡品家具和当时的外销家具，因为实例太少，我也只是处在一个感觉的状态，仅仅凭做工、用料和装饰风格而定论过于草率和牵强，所以最终放弃了。这次把它们发表出来，希望新一代的研究学者能够在这一领域深入研究，最终确认其身份。

盛世雅集
——中国古典家具精品展览①

田家青

[引言] 对家具爱好者来说，20世纪80年代之前是令人怀念的好时期，经常能见到、收藏到好的传世古典家具。后来，传世的好家具日益罕见，赝品越来越多。随着国人居住状况的改善，仿古的新家具受到欢迎，大量怪模样的"仿古"家具充斥于市肆，有些粗恶至极，败坏着中国传统家具的声誉，却能一直有很好的市场。从深层次分析，造成这种状况的一个很重要原因是良器难见。没有对比，人们很难有好的鉴赏力。不受任何干涉影响，公正无私，严格把关，组织一个展品既真且精并有一定规模的展览，成为我越来越强烈的愿望。

2008年元月至春节期间，由中国文物学会、中国嘉德国际拍卖有限公司、紫禁城出版社、颐和园管理处、北京世纪坛、世界艺术馆、炎黄艺术基金会联合在北京举办了一场名为"盛世雅集"的为期两个月的中国古典家具展。此次展览的展品全部为明清时期的黄花梨和紫檀精品，且全部出自国内民间收藏，共计五十余件套。我作为策展人，负责展品的征集和审定。此次展览得到了同好们的理解和信任，大家倾力支持，可谓天时、地利、人和，显示了中国收藏家的实力，被普遍认为这是迄今为止国际上举办的品质最高、影响力最大的古典家具展览。

此次展出的全部藏品都是出自国人的民间收藏，而且都是传世明清家具中最耀眼的黄花梨和紫檀家具。数量虽不多，但品质很高，它们都是诸位藏家的看家宝，能送来展览真的很不容易。在展览的三十多件清宫紫檀家具中，尤其有十几件雕饰有西洋图案的，很可能是当年圆明园中的陈设，它们在令人不堪回首的历

---

① 《盛世雅集——二〇〇八年中国古典家具精品展·北京》，紫禁城出版社，2008年出版。

盛世雅集——2008中国古典家具精品展（北京）

史事件中流散出宫闱，饱经历史动乱和风雨沧桑，流落到了世界各地，最终有幸被识者所收藏，得到了悉心的保护，今日能再聚在一起，实为在盛世才能有的盛聚。

长久以来，世人对家具似乎有一个固化的观念，认为可以使用的器物只能算得上陈设器，而绘画、雕塑等不能使用的纯艺术才称得上是艺术品。其实，优秀的古典家具承载着设计制作者的思想，可以表达出深刻的内涵，能够融入生活，在与使用者直接的接触中给人艺术的享受。细细地想一想不难品味出古典家具应有的地位。

此次展览中的几件家具曾被笔者著录在《清代家具》一书中，此书出版后，书中的不少家具成为各家具厂商仿造的对象，十多年来，一直被大量拷贝，以致当今几乎无处不可见其"身影"。令人生厌的是，多数仿品是依书中图片仿造，走形失神，结构错乱，工艺粗糙，败坏着中国古典家具的声誉，这不仅是我始料未及的，更是这么多年来使人最烦心的事情。然而，这些低劣的仿品多年来竟能一直都有市场，就不能不令人深思了。此次将几件真器展览出来，有对比，有鉴别，为人们提升艺术修养、理解真正的古典家具艺术提供了好机会。

这次展览还开辟了"研究"和"承传"

两个展厅。在"研究"展厅，按出版时间顺序展出了古典家具的学术性著作，显示了在"国宝被看作破烂"的年代，较早期的研究者出于对古代家具的真情热爱，在艰苦的条件下克服重重困难，以严谨的态度和科学的方法，在建立明清家具研究体系方面所取得的丰硕成果。

在"承传"展厅，以实物和图片展出了20世纪前半叶著名画家金城（北楼）先生亲自设计、监制并自己使用的楠木画案，其结构设计之奇巧令人叹为观止。

2005年，美国皮博迪埃塞克斯博物馆（Peabody Essex Museum, Salem, Massachusetts）组织了一场活动，名为"被中国激发出的灵感"，邀请包括中国人在内的21名来自世界各地的艺术家，在参观该馆所藏的明清家具后，每人设计制作一件家具。目前，这21件家具正在美国和加拿大巡回展览，这些家具作品有时代感，件件个性独特，展示出设计者过人的想象力和设计风格，但大多数都有一个共同特征：继承了中国明清家具的基本设计理念和中式家具的结构体系。

今日的古代家具收藏、研究和展览，能使世人理解中国古典家具承载着的深刻思想内涵。它们不仅仅是古玩、文物、古代艺术品，其核心的理念如天人合一、善待自然、追求和谐、讲究品位，对我们当今社会具有重要的启迪意义。透过展览中一件件精美的古代家具，试着想象一下它们背后的一位位热爱生活、崇敬自然、充满艺术感悟力的勤劳淳朴的设计者和制作者，当会有所感悟。

紫檀座屏式桌灯（一对）
清乾隆
高69厘米　最宽66.5厘米
最深31.5厘米

点评：在已发现的传世众多座屏式桌灯中，此对桌灯算得上是最繁复精细的一对。

黄花梨五屏风门楼式大镜台

明

高110.8厘米　宽76.9厘米　深19.1厘米

点评：可能是镜台，也许是佛龛，不论是何物，如此门楼结构的家具是至今发现的仅此一件。贵在设计制作者的创新精神，当今是难得的收藏级的精品。

紫檀高束腰四足三弯腿有托泥方几

清早期

高71厘米　最宽处44.5厘米

点评：几面丢失了，但仍有动人的残缺美。

黄花梨三弯腿霸王枨小方桌

明

高80厘米　宽69.5厘米　深69.5厘米

点评：方桌是传世数量最多的家具，见到的明清时期的方桌越多，就越能品出此方桌的优秀了。

紫檀有束腰嵌仿玉纹小宝座

清乾隆

高122厘米　宽100厘米　深80厘米

点评：华贵而不失典雅，有古玉的精神和影子，典型的出自清宫造办处苏州工匠之手的紫檀器。

清帝王的宝座为体现皇权，装饰上多采用龙纹，威严、喧嚣、繁复，如此文雅端庄者较为少见，更为难得。

黄花梨有束腰霸王枨琴桌

明或清早期
高86.5厘米　宽96厘米　深43厘米

点评：琴桌是家具中路份[1]最高的品种，在行家眼中，此琴桌无论从任何方面品评都堪称完美无缺，且是一件"大开门"[2]的从未经修复的"原来头"[3]。

[1]（路份）在古玩中指级别。
[2]（大开门）指公认、无可争议的真品。
[3]（原来头）未修复过的。

黄花梨有束腰带托泥栏杆式供桌

明
通高 97.8 厘米　面宽 102 厘米
深 58.5 厘米

点评：迄今已知的明代传世的两个黄花梨带栏杆供桌之一。另一张原为香港徐展堂先生收藏。

紫檀嵌大理石座屏

清乾隆

高93厘米　宽108厘米　深37厘米

点评：标准的乾隆紫檀工。在笔者所见过的嵌石座屏中，此件给人的印象最为深刻。

黄花梨双螭纹面盆架

明

高171厘米　直径62.5厘米

点评：此器为我国明式家具研究先驱杨
耀先生之旧藏。已知出版中著录的明代
黄花梨传世面盆架中，以精美而论未见
超过此件者。

紫檀三屏风嵌瘿木扶手椅

清早期

高100.3厘米　宽65.3厘米　深51.2厘米

点评：民国时期著名收藏家朱翼广先生的旧藏。

紫檀独梃柱六方桌

清乾隆

高86.5厘米　桌面对角线长83.5厘米　边长72.5厘米

紫檀雕西番莲大平头案

清乾隆
高91厘米　宽259厘米　深52厘米

点评：不仅是已知的几件传世宽逾
250厘米的大案之一，亦是一件怎么
形容都不为过的极精美的圆明园家
具，北京钓鱼台国宾馆藏有另外一
件，应是成对之器。

紫檀有束腰西番莲博古图罗汉床

清乾隆
高94.5厘米　宽247厘米　深175厘米

点评：标准形制的圆明园家具。

紫檀有束腰雕西番莲条桌

清乾隆

高90.5厘米　宽161厘米　深48厘米

点评：形制典型的圆明园家具，此为私人收藏，另上海博
物馆有相同的一件，显然是原成对之器。

《中国古典家具与生活环境》（前言）

田家青

罗启妍女士是世界著名的珠宝设计师，她的明清家具收藏与鉴赏就像她在珠宝设计方面一样的独树一帜。凭借多年积累的艺术理解和感受，罗女士站在较高的层次去审视、把握和评价所见的一切。她收藏的明清家具数量虽不很多，却体现了较高的艺术品位和少而精的收藏原则。更可贵的是，罗女士对每件藏品有独特见解，反映出一种与众不同的鉴赏角度。明清家具件件富有个性，成功的艺术收藏家要具备敏锐的洞察力、超凡的开拓精神。罗女士的家具收藏个性鲜明，从中可以体味她珠宝设计的创意、神韵和精粹。在此仅就印象最深的三件藏品谈谈观感，以期与读者共赏。

一、黄花梨三弯腿有束腰折叠式炕桌

此炕桌形制极为精巧。长方形桌面由两块攒边打槽的四方形面板组成，两块面板之间金属合页连接，便于折叠。合页结构奇巧、制作考究。桌面下的两根穿带与大边之间采用透榫结构，增加了桌面强度。牙子与束腰一木连作，腿足在牙子下断开分成两段，亦有金属件连接，折叠时借以将腿足平卧收进桌面下。这是一件匠心独运，不可多得的家具精品。

近年来，随着研究和收藏的深入，我们发

现在传统中国家具中，可以拆装、折叠、便于旅行的家具占有相当比重。故此有人认为在对明式家具分类时，应再分出"可携带"家具一类。在已发现的可拆装、折叠的家具中，不仅有椅凳、桌案，甚至有床榻。最近还见到了可以拆装、折叠的大架子床。从形式上看，这类家具可分为对半折叠和非对半折叠两类。对半折的家具折叠之后，体积缩小不少，但结构较为复杂。罗女士所藏炕桌即属于这种类型。

黄花梨三弯腿有束腰折叠式炕桌

此件家具在形式、结构上与北京故宫博物院的一件黄花梨六足榻近似。该榻是早年经王世襄先生发现，建议故宫从民间收入的。榻的大边也是可以居中对折，腿足以穿钉固定，拔出穿钉，可将腿足卧进榻内。两件家具的制作年代大致相同，约造于16世纪至17世纪初。

在为数众多的各式可折叠家具中，罗女士珍藏的这件炕桌无论在造型、用料还是结构的机巧上都相当精彩，而且保存完好，颇具研究价值。

二、黄花梨三弯腿有束腰灵芝纹榻

此榻原为美国加州中国古典家具博物馆（Museum of Classical Chinese Furniture, Renaissance, California）所藏的珍贵家具之一。传世实物证明，明清时期的榻少于罗汉床。其原因可能是榻的形式过于古老，只有少数不受时间（尚）变迁之影响、怀古缅旧的文人使用。在我所见到的明清时期的榻中，有三件印象较深。一件是四面平式大榻（美国私人收藏），特点是造型古拙、用料厚重。第二件是黄花梨有束腰六足折叠榻（见《清

代家具》第94件），它的特点是体态硕大雄壮且可折叠。第三件就是此榻，造型完美、线条自然流畅，在壸门的转角处和分心处雕有灵芝纹，别致而富有个性。

话说至此，想回答一个朋友提到的相关问题——到底怎样区分榻和罗汉床？当今流行的区分方法之一是罗汉床有围子，榻则没有。而明代文震亨在《长物志》中对榻的描述则是："三面靠背，后背与两傍等，此榻之定式也。"这两种截然相反的说法到底谁对谁错？不少地区还有"罗汉榻"一称，又如何解释呢？这里问题的着眼点在于对床和榻的分类。当今我们熟悉的分类方法将罗汉床和榻同归于床榻类，形制上以有围子为床、无围子为榻，这是源于明清时期硬木家具业（俗称鲁班馆）的说法。如此分类简明易辨，已为当今明清家具学术研究与收藏界认同。而若以使用功能区分，自古以来，床是卧具，榻是坐具，两者不属同类。而且，在较早时期，榻无围子，尺寸比床要小、要矮。随着历史的发展演变，榻变高了、宽了、长了，形制上越来越接近于床，甚至相同了。但是即使形制相同了，是床还是榻也可视其使用场合

黄花梨三弯腿有束腰灵芝纹榻

而定。例如，一件有围子的床，放在卧室就寝而用，称为罗汉床；将其抬出放入起居室，就称其为榻了。古时，榻是起居室中的重要家具，人们往往将其作为日间活动中心。榻上可以随意摆放书籍、书画、乐器、棋枰、文玩等。人们在榻上或坐或倚，习静参禅，读书赏画，或与友谈玄、对弈，既方便又惬意。此种情景不仅在古籍中可找到文字记载，在历代绘画和版画中也可见到。十多年前，江苏省发掘的一座五代墓中，有近两米长的木榻四张，榻上分别陈放琵琶等乐器以及诸多文具、漆器，是古时使用榻的一个实证。

三、鸡翅木插肩榫平头案

这是一件清代中期的宫廷鸡翅木家具，是按"紫檀作工"制作而成的。"紫檀作工"本是明清时期的工匠顺应紫檀的木性，逐渐摸索形成的一种专用于制作紫檀家具的工艺手法。这种"作工"从造型、结构、选料用料到制作工艺都十分独特，属最讲究、最细腻的木器制作手法。精工施于美材，使得以这种"精工"制成的家具含有一种高贵的气质。熟悉明清家具的工匠、收藏家或爱好者往往不需看实物，仅从照片就能认出某件家具是否为"紫檀作工"。

除了紫檀木采用"紫檀作工"外，亦有非紫檀的硬木甚至一些紫木采用这种作工的。近年来我们发现不少出自山西省的清代柴木家具，都是以"紫檀作工"制成的。清代时候，山西是中国的经济中心之一，富商巨贾有仿效帝王追求排场的风气，其中也包括对家具制作的仿效。然而，造型、作工虽可仿效，但紫檀木料难觅，只好贱料细作，于是就出

现了"紫檀作工"的柴木家具。不过，这类家具终因其材质粗糙，有其形无其神，而无法与"紫檀作工"的紫檀家具同日而语。

鸡翅木，尤其年代较早、质地润美的老鸡翅木，属天赋美材，亦是清代宫廷家具的主要选材之一。实物证明，不少清代宫廷的鸡翅木家具是按"紫檀作工"制作的。其金黄的色泽、如羽翼般生动的纹理与色泽凝重、质地细密的紫檀相比，另有一番风韵。我们曾见过一件私人收藏的鸡翅木炕桌，造型、结构、尺寸都与故宫现在陈列的一张紫檀炕桌几乎完全一样。罗女士收藏的这件平头案，明眼人会发现它与《清代家具》中收录的第八十件紫檀夹头榫雕花小平头案相关。虽然一为夹头榫，一为插肩榫，却属同一"家族"。此两件家具不仅造型、风格相似（例如腿子中部起鼓，似人腿足的髌骨，工匠称之为"骼离瓣儿"）、尺寸完全相同，而且一些工艺手法也完全一样，相信两者均是出于清代紫禁城造办处中苏州工匠之手。艾克（Gustav Ecke）所著《花梨家具图考》（Chinese Domestic Furniture）一书中所录用的圆腿小平头案是一件苏州地区制作的 17 世纪明式家具，与罗女士的这件平头案的造型、风格、尺寸也十分相近。对比两者，可以看到民间制作的明式家具如何应清代宫廷的品味和需要有所改变。

读者透过此目录可以看到罗女士收藏的明清家具范围广泛，其中有年代较早、造型优美的明式家具；有珍贵的清代宫廷家具；有风格古朴、醇厚的铁力木家具；还有极具地方特色的民间家具。这些家具的共同特点，是富于个性、品位较高，充分体现出罗女士

的收藏宗旨和在中国传统家具方面的知识与理解，很值得热爱传统艺术和现代艺术的人士参考与学习。

罗启妍女士曾先后在英国剑桥大学和伦敦大学修读中世纪英国及欧洲历史，对推动中国传统和现代文化不遗余力，她的家具收藏显示了她在传统中国艺术方面的兴趣。1992年，吴冠中先生在大英博物馆举办画展，她便是发起人。此展开了博物馆为在世的华人艺术家举办个人画展之先例。1995年，她筹办了本世纪一百位有代表性的中国绘画大师的世界巡回展览，并举办了国际学术研讨

会，探讨了中国现代艺术的背景和美学。罗女士的积极参与，大大推动了对中国现代艺术的欣赏和研究。

随着社会与经济的发展、物质文明的提高，人们愈来愈关注精神文明的提高与优秀传统文化的弘扬。中国明清家具的收藏与研究，正是在人类文明进步的必然趋势中进入了一个新的阶段。愈来愈多人士认识到中国明清家具的文化内涵和艺术价值，走上了兴趣—爱好—收藏—鉴赏—研究的道路。

1997 年 5 月 15 日

方角柜式攒棂格书柜

田家青

方角柜式攒棂格书柜。黄花梨，清前期，产地待考。柜帽 106×60 厘米，高 182 厘米。

攒棂格式柜架在江南地区被称为"碗橱"，在北方地区则通称为"气死猫"。此类柜架中，珍贵的硬木制品多是置于书房、画室内的精致家具，用于放置书籍、画卷等文房物品；而柴木制品不少则是当作橱具用的。以结构形式而论，可称之为"方角柜式架格"；以使用功能而论，则此柜可叫作"方角柜式书柜"。

此柜用料不计成本，所有部件都选用了上好的黄花梨整料。结构设计奇特，作工精细。笔者根据此柜结构设计和作工的诸多特点推测，它不是"行活儿"（即木工作坊制作的产品），而是历史上某位喜爱家具的文人参与设计特制的家具。此柜若按行规做法，外形相同的条件下，至少可以节省一半工时和三分之一左右的木料。文人出于兴趣爱好参与设计制作家具古来有之，实际上是一种"品玩"，当然可以不计工本，亦可毫无顾忌地创造发挥，充分展现其个人品位与风格，这类传世家具偶有所见，使本来就色彩纷呈的明清家具更添异趣。

此柜有柜膛，无闩杆，柜门与侧山攒棂格作，柜门棂格为万字纹，侧山棂格为冰裂纹（工匠也称之为"冰炸纹"），门框内侧起"掩珠线"（眼珠线）。与之呼应，腿子和横枨的内侧亦为相同的线脚。柜膛下的牙子挖壶门曲线。

攒作"冰裂纹"局部

方角柜式攒棂格书柜（正面）

此柜由主体框架和七件扇活儿构成。除了柜顶采用攒边打槽装板作、并与框架结为一体之外，柜门、侧山、后山、底板以及柜内的隔板均为可拆装的扇活儿（后山由两片扇活儿组成）。照片所见乃部分构件拆卸后的情况。

扇活儿都是活插到家具上的，需要搬动家具时，可将其卸下，以减轻重量，对大而重的家具尤具实际意义。但扇活儿是通过插销与主体框架相联的，显然在支撑和加固性能方面较差，因此一件家具的扇活儿不宜过多。而此柜不仅立面的部件（两块门面板、两块侧山板、两块后背板）做成了扇活儿，连横铺的柜底板也做成了活插扇活儿，而且为了便于取出柜底的这片扇活儿，将柜膛中部的横木也做成活拿的（可拆卸的）。在笔者所见的众多柜类家具中，如此做法的仅此一例。

拆卸后的书柜

侧山棂格为冰裂纹

所有插销都精心制成刀币式样，并经过认真打磨。从这些细节上便可见到此柜是有别于"行活儿"的制品。

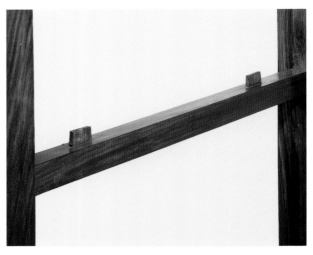

屉板亦为独立的扇活，攒边打槽装板，与柜体活插。　　　　屉板由侧山横枨上的栽榫固定（工匠称栽榫为"栽梢"）

我们常见的柜子躺板大多只是一块翻板，而此柜的躺板不仅做成左右两块，还将每块分别攒边打槽装板作，而且有门轴（肩轴门）与柜身相联，成为"翻门"。两扇"门"翻开后分别靠在左右侧山的内侧。这样的翻门式躺板，所费工料远远高于普通躺板。

更为独特的是承托这两扇翻门的部件，本来可将柜膛中部的横木留得宽一些，用偏口刨在其左右两侧分别踩口，翻门关下来时，正好平落于口上，对工匠来说，不过是举手之劳。此柜却未用此法，而是在柜膛内前后横枨上另设四个方木楔，用以承托翻门。此类麻烦的作法也定非职业工匠所为。

柜膛内的前横枨

柜膛内的后横枨

　　柜体上标示榫卯装配关系的记号，不是常见的工匠用凿子打的记号，而是用毛笔认真书写的文字，连柜膛两侧绦环板上也写有文字记号。工匠均知，绦环板是可以互换的，无须分上下左右，像这样在每个绦环板上都作记号，且标出上下左右位置的，散发出一股学究气。照片所见是柜膛两侧绦环板上书写的装置记号。

两扇背板的边框均倒棱磨光，穿带与大边均采用了格肩相交作法。此乃紫檀宫廷家具的典型作法，在明式黄花梨家具中较为少见。

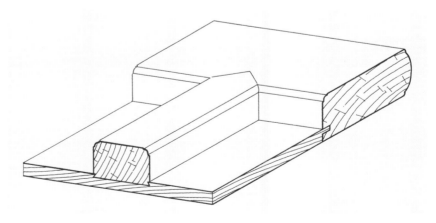

结构图显示穿带与大边格肩相交的作法

方角柜式攒棂格书柜（背板）

此柜所有部件包括后背板也是用上好的黄花梨制成。后背板亦做成两片有框的"扇活"，与柜体活插，装板为纹理对称的双拼板。更有甚者，框的边抹内侧均起"眼珠线"，可谓讲究至极。

为了做前面的研究和为了证实前文的结论，我们专门做了一个四分之一比例的小实木模型。这个模型的造型和前面的那件清前期黄花梨书柜完全相同，但其做法是按照传统的工艺和结构做法，您若认真对比，会看到并体会出专业工匠的做法和业余热爱者做法的不同。

方角柜式攒棂格书柜模型

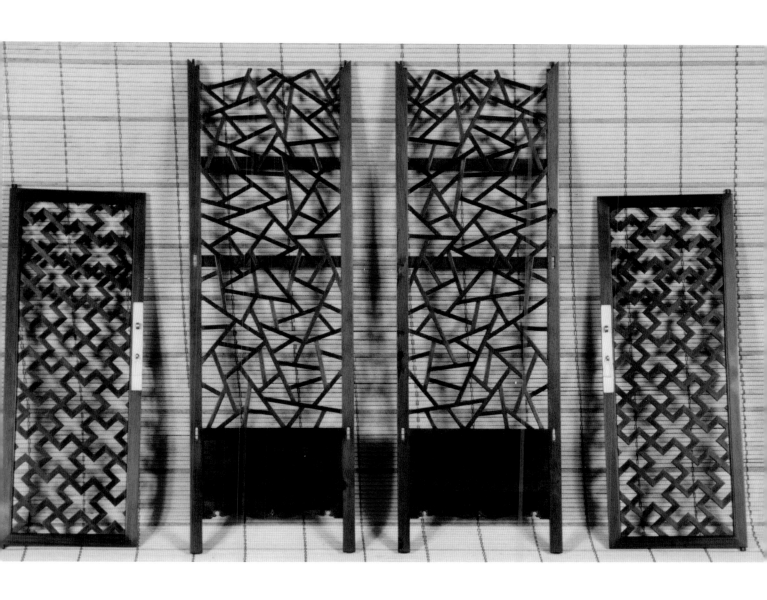

《古典家具研究》漫谈

田家青

这套中国古典家具研究会会刊是 20 世纪 80 年代我和张德祥策划创办和编辑的，当时全北京也找不出多少对家具研究感兴趣的人，互相交流很少。我们出这个小册子也费了很大的力气，都是完全自费，每一期征得稿件后，用蜡纸打印、手工油印 300 册，分别赠给相应的爱好者和研究人员，直到 1994 年，中国有了很正规的收藏类杂志，我们这个才停刊，总共出了 14 期。其中刊登了挺多当时名家撰写的有分量的文章，我也在这里发表了两篇论文。这两篇论文现在看来虽很初级，稚嫩但有些观点也挺有意思的，仍有一定的价值。借此机会，正式发表出来。《绣墩漫谈》一文个别处有删改。《明清时代的椅子》一文为原版书影。

现在读这篇写于 30 年前的文章，觉得挺有意思。或许是学理工习惯于逻辑思维的原因，我喜欢把东西量化，才想到了以评分的办法来评价古玩。当然这种方法有待商榷，因为艺术品，尤其是古代的艺术品，本质上是感性的。但是，不管怎么说，文章中提到的七个标准，不仅是对家具，也是对任何古代艺术品的鉴赏所应该考虑的主要方面，此次正式发表出来供大家参考。另外，本文打分的十件家具中，前几件的品质实在太差了，这次就不再附上它们的照片了。

绣墩漫谈[①]

中国传统家具以造型优美、结构合理、做工精良而闻名于世。在种类众多的中式家具中，绣墩虽仅属坐具类中的一个品种，但经多年的发展和演变，已有相当多的式样变化，并以其特有的魅力引得人们格外喜爱，颇有探讨和研究的价值。

绣墩的正式名称是"坐墩"。因古时人们在使用坐墩时，总爱在其座面上包罩一个丝绣的座套，故而得名"绣墩"。这个名字听起来与它端庄秀丽的造型颇为一致，给人一种文雅的回味，因此，有人索性将它写为"秀墩"。另外，有些绣墩的造型酷似一只坐鼓，

---

① 此文于 1989 年 2 月刊登于中国古典家具研究会刊第 1 期。

《古典家具研究》书影

故又可称之为"鼓墩"。

绣墩不仅使用方便，而且在室内装饰上有些独特的功能。将其放置于按中国传统方式布置的房间中，在烘托室内整体装饰效果上往往会起到画龙点睛之功效。置于书房画斋中的绣墩会增加房间特有的书香气氛，放在客厅或起居室内则增加和谐宁静的情趣。在园林中、亭阁内，也常常放置绣墩和绣墩造型的圆桌，它们与自然界的山石、花草、溪水、鸟语交响成曲，使得整个景致分外典雅动人。

作为家具，绣墩还有一个特点：它不像一般坐具，在使用中绣墩可以没有固定的摆放位置，这不仅方便，而且对活跃室内装饰气氛起到积极的效果。

正因为绣墩具有这些特点，使得人们对其尤为喜爱。我们常常可以从古画和古书插图中看到各种形状的绣墩，这说明在古时绣墩已被广泛地应用了。我国人民使用木质绣墩的历史，至少也有一千年了，从宋画《五学士图》中可以看到，不仅当时已使用了绣墩，而且当时的绣墩已经十分精美。

绣墩的常见主体造型有圆、方、六边形等，按材质分类则有瓷质、竹质、藤器、木质等品种。下面对几只明清时代有代表性的硬木绣墩做一简单的介绍。

一、明紫檀八立柱四足绣墩

私人藏品。此墩的坐面、托泥和八只立柱的内外均采用双线劈料的线脚，它们相互呼应构成了一个以圆弧为主的整体造型。立柱的造型酷似象鼻，下部自然向内兜转，转角柔婉但具有力度感。此墩由于用了八根立柱，使得从其任意侧面看去都不会产生视觉上的失圆感。它们构成的具有八个凸棱的腔体又很像一只南瓜，富有自然拙朴之美，看上去浑厚、古朴。

在结构上，此墩为可拆式，不仅上座面和下托泥与主腔体由栽销联接可以拆下，主腔体与八只腿采用了过渡配合的榫，也可以拆开。这种结构有很多优点：活的座面有利于维修或更换藤屉，亦可冬夏换用不同材质的座面。座面和拖泥各为两层（称"劈料作"），可以盖住加固用的银锭销和座面下部的编席孔，使得此墩上下里外看上去干净利落整洁，看不到任何加工留下的痕迹。进一步推测，该墩设计成可拆式也可能是为了运输方便，因为明至清早期，大批苏作硬木家具由运粮船顺京杭大运河源源不断自南向北运输，家具做成可拆式，既可减少货运体积，又有利于货位安排，且不易在运输中损坏；当到达目的地后，仅需一般木工加以装配胶合即可使用。初看上去，人们可能会认为该墩制成可拆式会给制作带来较多麻烦，细细想来并非如此，该墩的制作仅需两个模板：立柱模板加工出八根立柱，另一块模板加工出上下座面的所用20块牙板（上面10块下面10块）因此，此墩做成可拆式的结构不仅不多费工，而且比做成整体（坐面）后面再挖成双劈料造型还省工料。

总之，此墩虽仅是一件小型家具，但却反映了明代家具完美的设计和工艺水平。

二、清仿藤式黄花梨绣墩

私人藏品。此墩式样独特，造型优美，其腔体部分为其精华所在，它与常见的藤墩和传统家具中常用的盘肠纹和绳纹等装饰造型有相似之处，但显得更浑厚丰满，粗硕的"藤条"根根相连，韵味十足。另外，此墩下部的六只"菱角"造型小足也很提神。

显而易见，这种造型的绣墩制做难度较大，它的腔体是由12根C型且有内弧度的圆截面立柱构成，空间几何形状十分复杂。此墩的各部件加工制作精密，整体扣合严密。经多日居难细审，终无懈可击，实为一件工、料、造型俱精的清代家具。

三、清紫檀海棠式五开光绣墩

此墩形似坐鼓，上下有弦纹及鼓钉，五个海棠式开光沿边起阳线。这都是明末及清初这类鼓形绣墩的典型结构。此墩的独特之处是在其鼓腔的外表面上浮雕了云纹、拐子纹、回纹的图案（平地）。其图案优美流畅、舒展大方，弧线与直线巧妙连接，过渡自然刚柔并济，具有浓郁的传统民族特色。隐起的鼓钉和浮雕没有丝毫的生硬雕琢痕迹，反映了制作工匠精湛技艺。

从用料和做工质量来看，这只绣墩可能原是宫廷用具。从雕饰的花纹和工艺看，此墩当为乾隆时期制品。无疑，这是一件既珍贵又保存完好的清代精品家具。

四、清六开光内圆外六边形托泥圆桌

该照片摘自美国安思远（Robert Hatfield Ellsworth）《中国家具》（Chinese Furniture）一书，书中称其为"圆桌"。通常情况下，这类圆桌都是与其造型相同的几只绣墩相配套，可能更硕长一些，因此这里将其看成绣墩予以讨论。

此桌由红木制成，整体造型简洁优美。六根外拱形立柱中间混面双劈料，牙板与桌面一木联做，立柱下端为微微兜转的马蹄造型，优美且有力度，仍保持有典型明式苏作家具的风格。此桌足下的内圆外六边形托泥架处理颇为脱俗，很好地处理了圆与六方和与上桌面对应的关系，加之该桌大理石面上生动的天然纹理映衬，使得此桌显得格外柔婉秀美。实为一件优美的清代苏做家具。

五、明黄花梨五开光绣墩

北京市文物商店藏。此墩上下均有鼓钉及弦线，腔体有五个微有圆弧的方形开光；开光沿边起阳线，五只主柱内面削圆，颇具敦厚结实的美感。此墩用材粗硕，属于较常见的、式样和做工较为规范的典型明及清早期绣墩。（一般讲，此种造型的清代绣墩其上面板多采用"起鼓落堂"式的座面。）

六、清黄花梨五开光鼓形大圆桌

选自美国《中国家具》一书。此桌上下仍保留有弦线，但下部已无鼓钉，并添有6只小足，从而脱离了纯粹鼓形的标准结构。

笔者认为此件家具设计的成功之处有两点：1. 具有较大面积的平素表面，这样可以充分展示出黄花梨木材优美独特的天然纹理，而这正是此种木材特别珍贵的主要原因之一。2. 采用了虚实对比手法：五个巨大的圆开光与其余的大片实体面形成强烈对比，不仅克服了大面积实面容易造成的堵涩之感，反而使之富有空灵透亮的美感。大圆开光沿边为平素铲地起凸式的阳线，从而增加了力度感，并能与相同做工的弦纹相互呼应。从照片上还可以看出，在制作中工匠注意到了各部件木材天然花纹对称的选配。

七、清红木

a为个人藏品，b为北京荣宝斋商店所藏。这两只绣墩在造型上有较多共同之处，均为清代后期制品。

图8（a）的绣墩在造型上较多地采用了圆弧构成以相互呼应。座面牙板（此例中座面牙板一木联做）和立柱中心部有小条形开光以增加装饰效果。所有大小开光均由阳线圈起。阳线的接合过渡圆润。但整体上看，该墩用料有些过奢，强度似乎不够。比例上看显得有些过于颀长。

图8（b）中的绣墩造型与图8（a）中的绣墩相比就显得较为平庸，各部装饰好像只是为了完成一种程式化的符号而加工制作的，商品气味颇浓。如当时此墩是定做的。则工匠有对付主顾之嫌。在清晚期和民国时期制作的某些绣墩在造型、用料、做工上都较为低劣，尤其是某些京作（北京制作）制品，艺术价值较低，笔者认为该绣墩就是属于这一时期的这类产品。

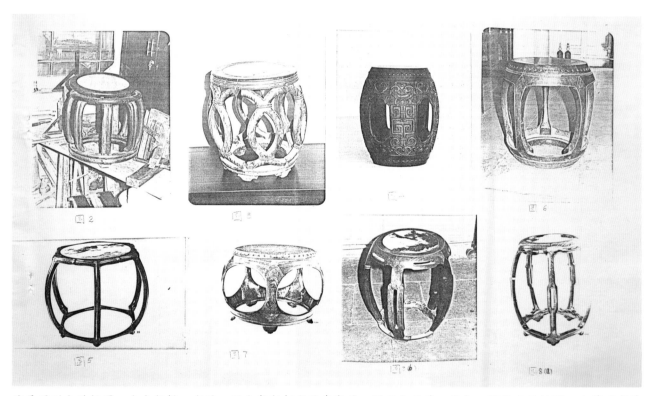

这是原刊上的插图，十分粗糙，当时，黑白复印相当昂贵奢侈，图此也是手工油印，还做成了拉页，也算不容易了。我印象中，这第一册会刊只印制了100余册。

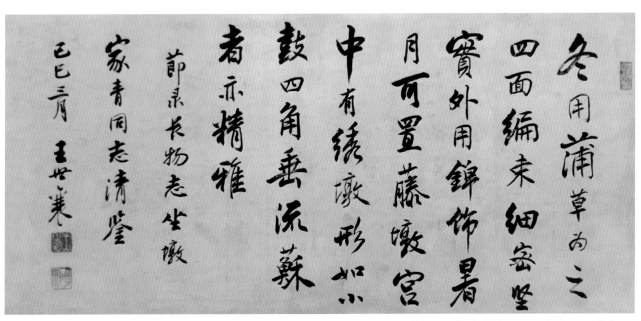

冬用蒲草为之，四面编束细密坚实，外用锦饰暑月可置藤墩宫中有绣墩形如小鼓四角垂流苏者亦精雅 节录长物志坐墩

家青同志清鉴 己巳三月 王世襄

王世襄先生阅读过这篇文章，他认为写的还不错，为鼓励作者特手书抄录《长物志》中有关绣墩的内容送给作者。

《明清时代的椅子》书影

古 代 家 俱 研 究
（原名：明清家具研究）
（六）

一九九零年九月
中国古典家具研究会会刊

致 读 者

为了交流有关研究成果，提高研究水平，促进古典家具的研究和收藏者之间的交往和交流。望读者踊跃撰稿投稿，稿件的内容有以下几个方面：

1、从历史、人文、美学等角度对明清家具进行学术性的研究；

2、明清家具的鉴赏方法；

3、对某些有代表性的家具进行品评；

4、家具的修复理论，修复工艺及维护保养等有关内容；

5、收藏经验介绍，人物介绍；

6、个人藏品介绍，人物介绍；

7、会员内藏品交流；

8、国内外友好交流；

9、有关动态。

主 要 编 委

田家青　　张德祥　　苏 木　　陈善上　　祖连明　　舒乙

投稿地址：北京西三环北路12号。8101邮政信箱

邮编100081

舒 乙 收

本会常务理事会关于开展笔会活动的倡议

本会自成立以来，承海内外各界广为关注。众目睽睽，期待殊多。

学会者，做学问之会也。我会之最高宗旨，即在对我国古典家具的历史源流与辉煌成就进行研究，并就古典家具的收集、保护、修复、利用，广泛地总结经验，交流心得。惟本会会友遍及大江南北的学术界、艺术界、企业界、教育界，大家都公务在身难以拔冗，即使同处一地，亦难得一聚。为此常务理事会商定，今后之学术活动尽量采取笔会形式，就拟定的论题各自行文畅述己见，以沟通信息，交流学术。

本会的首次学术活动，拟就会友田家青撰写的《明清时代的椅子》一文开展一笔会。田家青是本会会友中最年青的一位，他对古典家具的研究深入而执着，一往情深而不惜功力。他的"椅子"一文不仅向我们展示了十余件造型极具特征，又极具代表性的明清时代的椅子还独出心裁地创造了一种对古典家具分项打分的评价方法。面对这样一篇深有启发性的文字，当会唤起会友们多方面的联想。

参加笔会的文字，既可以就椅子谈椅子，也可以举一反三地由椅子言及桌子、柜子、床榻、几案……更欢迎大家就分项打分的方

— 1 —

法广加议论。总之我们欢迎自由讨论的学风，欢迎不落巢臼的创

既不设既定框框，也无任何先决的成见。只要言之有物，尽可漫

边际海阔天空。

会友参加笔会的文章，将在明春创刊的《收藏杂志》开辟的

"古典家具"专栏上陆续刊载。因该刊行销港台，笔会文字请尽

使用繁体字，所附线图、照片亦力求符合制版要求。来文请邮寄

常务理事会启（杨乃济执笔）

投稿地址：北京西三环北路１２号．８１０１邮政信箱

邮编１０００８１

舒乙收

— 2 —

明清时代的椅子
田　家　青

　　明清时代的硬木家具以造形古雅、做工精湛而闻名于世，椅子作为其中最主要和最具有变化的一个品种，尤为人们所偏爱。本文将以十一把明清时期的椅子为实例，逐一评介。

　　众所周知，明代椅子主要有官帽椅、玫瑰椅、灯挂椅和圈椅四个品种。清代椅子可分为三大类，第一是"明式"椅子，具有明代椅子的主体结构和造形，但装蚀上有所变化。第二类是清式扶手椅，社会上俗称"太师椅"，这类椅子的式样变化多、存在世量大，第三类是受外来文化影响，生产的具有"洋模样"的洋式椅子。从时间上看，每类椅子还都有着不同的时代特点，以这十一把椅子为例虽不能面面俱到，但它们也包括从明中期至清晚期，从官庭到民用，从名贵的硬木到一般的杂木的不同品种的有代表性的制品，其中有精品，也有作为反面教材的低劣制品，希望能通过对它们的研讨，较系统和全面地展示给读者明清时期椅子的主要风彩和特点。

　　为了能给出一个较为明确和直观的结论，在对每只椅子进行文字介绍之后，都还附有一个评分表，以得分的高低来说明该件制品的高下。这是笔者构思出的一个方法。当然，对艺术品的评价，是会因人、因时、因地而异，对于已成为文物的艺术品的评价还会涉及到年代、传世量等更多因素的影响。但就明清家具而言，如果从其造形、材质、年代、做工、罕见程度及保存修复质量等方面来综合衡量还是能够对某件制品做出较为客观和全面的评价。该评分表就是以以上七项作为衡量条件而编制的。经几位同好试用，发现有较好的一致性和可比性，故在此作为试用。欢迎批评指教。（评分表及使用方法见附录）

一、清晚期榆木仿西洋角椅

仿制西洋家具始于清雍正年间，兴于乾隆盛于清晚期，这类具有洋味的家具，常以三种面貌出现：①中国传统式样的造型和结构，个别部分和装饰来自西洋家具。②西洋家具的式样，某些部分和装饰为中国传统的式样。③揉合中西家具创新的新式样。图中的这只椅子（图1）属于第二类，仿十七、十八世纪欧美流行的角椅（corner armchair），其上半部多少地借鉴了圈椅，不过它大圈的截面是长方形的，靠背板和"镰刀把"则做成为"花瓶式"，至于座面，将角椅常用的软垫包布套的做法改为了中式椅子常用的藤屉。该椅下半部俨然象一个斜放的中式杌凳，但脚踏枨保留了原角椅的交叉型式，而且前腿也采用的是角椅式样的弯腿。

此椅的设计并不成功，不仅看上去十分蹩脚，坐也不会舒服。它既没有圈椅的优美风韵，又没有杌凳敦实凝重的气派，既谈不上

— 4 —

成功借鉴西方艺术，更无任何创新，所谓创新，必须是建立在周密意匠经营的基础上，是要付出巨大劳动的，否则必然是胡拼乱凑，为了炫异挎奇，而这种制品是没有艺术价值的。

在对其评分时，对第二项"罕见及独特程度"，笔者给的分很低。这是因为，虽然与这只椅子完全相同的制品很少或可能没有，但类似这种以获取商业价值为其主要目的而做出的低劣制品。在清晚期和民国期间是相当之多的。当时，在国内几个大的家具产地都普大量地制造过这类家具，以致它们都有了一通用的名称"行活"；指以降低成本但又要能用其外观或形形色色花招哄骗住顾客为目地而制做的貌似新奇，实为偷工减料的低下制品。

	评　分　项　目	得　分
1	造　型	4
2	罕见及独特程度	2
3	材　质	2
4	年　代	3
5	结构、做工难度及水平（满分10分）	3
6	保存状况　　　　（满分10分）	8
7	修复状况　　　　（满分10分）	8
	总　　分：30分	

—5—

二、清硬杂木南官官帽椅

该椅可能系柏、槐、榆等硬杂木制成，与优秀的明代南官官帽椅相比（即　　）不难看出，它虽可称为"明式"椅子，但已将明式家具所具有的神采风韵丢失殆尽。看上去呆滞无神，各种装饰似乎只是为了完成程式化的符号而加工的。估计为村镇的民间制品，其制做年代大致在清中、晚期。对这类无神无彩的家具，也有一流行的外号："怯做"。

有意的是，这把椅子的靠背板装反了，这样一来，图案不仅是倒的，它在靠背板上的位置也不对（过份靠下）坐上去想必是会因顶背而十分难受。造成这一问题的原因有两种可能：一是制做时就做反了，二是在修复时被外行的修复者装反了。笔者认为是后一种

	评 分 项 目		得分
1	造　型	（满分20分）	6
2	罕见及独特程度	（满分20分）	3
3	材　质	（满分15分）	4
4	年　代	（满分15分）	5
5	结构、做工难度及水平	（满分10分）	4
6	保存状况	（满分10分）	8
7	修复状况	（满分10分）	2
	总　分：	32	

— 6 —

情况，因为这把椅子的制做水平虽不高，但它的结构、部件及雕饰的图案都无原则错误，所以可推断，制做工匠不会犯把靠背板装反这种错误。这把椅子的照片出自Sotheby's的拍卖目录，因此有可能是海外修复的。另外，笔者还发现其两侧牙板和脚踏下牙板为"◻◻"形状，显然不是明清椅子所用的牙板形状。很可能是原件丢失，修复者凭空杜撰出的式样。

三、清花梨大圆光靠背、透雕番草太师椅

该椅为高束腰、木板座面、圆光靠背、圆光内浮雕山水人物，在装饰上，有拐子图案、番草图案、有盘肠、卡子花、鱼门洞、牙板和腿的内侧为皮条线打洼。在搭脑中心有一个24瓣花芯，搭脑与靠背立柱交接处还有两个葫芦样凸起，但这么多的各样装饰用在一起，与其说是装饰，不如说是为了炫耀，给人的只是繁琐俚俗的感觉。另外，这把椅子在装蚀上采用的形式主义东西处处可见：腿的足部向二个方向起鼓形成一鼓包又回收，费工费料且难看，前牙板和侧牙板下面又加有透雕的连板，属于非功能性饰件。它的高束腰内采用了"鱼门洞"结构，鱼门洞本应是很漂亮的，见下图

图4　鱼门洞结构

但该椅的鱼门洞并未镂空，仔细一看就会发现它仅是贴上了几个小木条，属"偷工"的做法，这种纯为完成装饰符号的做法。有

— 7 —

不如没有，搭脑与靠背立柱交接处插入的两个小葫芦也有渲染性装饰之嫌。椅子的靠背和扶手内有许多透雕的图案，但其刀工疲软，图案的形状有些失真，如虫似肠。这把椅子虽用材硕大，耗工也不少，但看上去甜媚软俗。就是这样一大批低下的清晚期制品（包括图1的"行活，图2的"怯做"）败坏了清代家具的名声。

这把椅子制做年代约在清晚期、广做（广东地区制）。

	评 分 项 目		得分
1	造 型	（满分20分）	6
2	罕见及独特程度	（满分20分）	5
3	材 质	（满分15分）	4
4	年 代	（满分15分）	3
5	结构、做工难度及水平	（满分10分）	5
6	保存状况	（满分10分）	8
7	修复状况	（满分10分）	8
		总 分：39	

四、清红木花栏太师椅

类似这种式样的太师椅在清晚期北方地区曾广为流行，据说它是作为配套嫁装的主要家具之一，这种讲法是有道理的，因为这种椅子有用各种木料制做的，有金漆的、硬木的（红木、花梨等）、杜木、楸木、胡桃木的，再差一些还有榆木（不是南榆）及各种柴

—8—

木擦漆的。这正说明因为是流行的嫁装不能没有，家庭的经济条件又不一样，所以不同阶层的家庭选用不同的材质制做，从而出现了这种椅子有用各类材质制做的现象。

在有些清末及其清末之后的小说和文章中常提到"花篮"太师椅指的就是这种椅子。据说是因为有的这种椅子其靠背中间透雕的是花篮和花束，故而得此名，不过老工匠们说，实际上是"花栏"椅，其得名的原因是这种椅子的靠背和扶手都有雕花装饰，就象三面雕花的"栏屏"。这种椅子当时制做的数量极大，目前的存世量也较多，而且很少有完全重样的，其主要变化是在靠背和扶手的透雕图案上，常见的有梅、兰、竹、菊、佛手、石榴、蝙蝠、葵花、四季花草、寿字、喜字等等，花样之多，举不胜举，但无非都是喻意吉祥、长寿、如意、子孙万代等，如若举办一个"花栏"式太师

评 分 项 目		得分
1	造　型　　　　　（满分２０分）	10
2	罕见及独特程度　　（满分２０分）	3
3	材　质　　　　　（满分１５分）	8
4	年　代　　　　　（满分１５分）	3
5	结构、做工难度及水平（满分１０分）	8
6	保存状况　　　　（满分１０分）	8
7	修复状况　　　　（满分１０分）	8
总　分：４８　分		

—9—

椅的展览，找出上百把靠背透雕为不同题材的花栏椅子并非神话。

这类椅子多为京做（北京地区制做），有优秀的制品传世，但大多数则较为俗气，而且有的榫卯结构较差，本例这只花栏椅子可算得上同类中的中上者，但制做年代不会早于道光年间（1820－1850年）。

五、清红木镶嵌罗垫、理石座面、理石大圆光太师椅

在家具表面镶嵌罗垫的做法在清中、晚期十分盛行，它们多为广东地区制品，有镶单一颜色的，也有彩色的，有部分部件镶嵌的，也有满镶的。图7这把太师椅属于满镶类中的彩色罗垫，它使家具看上去闪闪发光，被称之为"满天星"。但这把椅子给人的感觉不是很协调，它的上半部和下半部（兽头兽爪的腿）风格不一致，前牙板（嵌罗垫）和侧牙板（透雕）也不一致，兽头兽爪的腿与镶嵌的梅花、葫芦、苹果等图案及一圈的寿字之间都没有什么内在联系，在搭脑中间嵌的一颗十一角星也不知用意如何，总之，摸不清设计者所要表现的中心思想。另外，在家具中采用的类似兽头兽爪式的腿，并不能给人内在的威严感，反而有虚张声势、狐假虎威之势。

这把椅子为清晚期制品，广做，制做时耗工不少，但反映出的则是匠气十足，不能说是成功的制品。

－10－

评 分 项 目		得分
1	造 型　　　　（满分20分）	8
2	罕见及独特程度　（满分20分）	8
3	材 质　　　　（满分15分）	8
4	年 代　　　　（满分15分）	4
5	结构、做工难度及水平（满分10分）	7
6	保存状况　　　（满分10分）	8
7	修复状况　　　（满分10分）	8
总 分：51		

六、明中期黄花梨南官帽椅

我们讲明代家具的品格高、隽永耐看，是讲的明代家具的主流，而并非是说每件明代制做的家具都是成功的，本例的这只官帽椅就可以作为一件差的典型。

这只椅子系明代制品无疑，也是由珍贵的黄花梨木制成。从其风格和结构来看，也是"苏做"（苏州地区制做）优秀的明代家具起源地和产地，虽然它有着这样好的身世，而且当前会有着相当之高的市场价值。但它绝非是一件成功的制品。

该椅的缺陷出在椅子的下部，它的下部所有部件为方形截面，与上面的图截面并不能很好地对应，它采用类似"霸王枨"式样作牙角以代替卷口或罗锅枨。但不成功，有偷工减料之嫌。总之，整

－11－

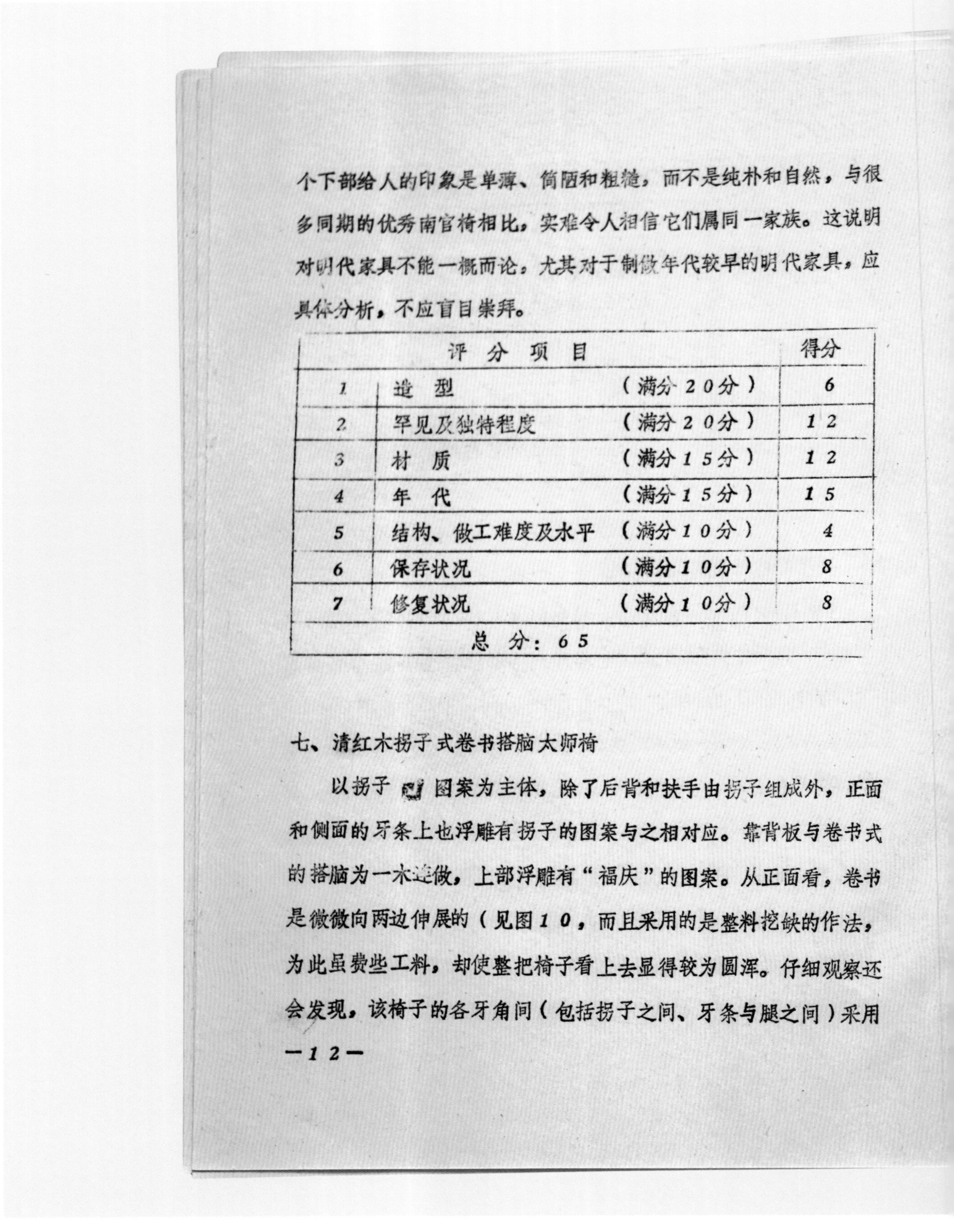

个下部给人的印象是单薄、简陋和粗糙，而不是纯朴和自然，与很多同期的优秀南官椅相比，实难令人相信它们属同一家族。这说明对明代家具不能一概而论。尤其对于制做年代较早的明代家具，应具体分析，不应盲目崇拜。

评 分 项 目		得分
1	造 型　　　　　　　（满分20分）	6
2	罕见及独特程度　　　（满分20分）	12
3	材 质　　　　　　　（满分15分）	12
4	年 代　　　　　　　（满分15分）	15
5	结构、做工难度及水平（满分10分）	4
6	保存状况　　　　　　（满分10分）	8
7	修复状况　　　　　　（满分10分）	8

总 分：65

七、清红木拐子式卷书搭脑太师椅

以拐子 图案为主体，除了后背和扶手由拐子组成外，正面和侧面的牙条上也浮雕有拐子的图案与之相对应。靠背板与卷书式的搭脑为一木连做，上部浮雕有"福庆"的图案。从正面看，卷书是微微向两边伸展的（见图10，而且采用的是整料挖缺的作法，为此虽费些工料，却使整把椅子看上去显得较为圆浑。仔细观察还会发现，该椅子的各牙角间（包括拐子之间、牙条与腿之间）采用

—12—

的是挖牙嘴的做法，因而圆角间过渡圆润润自然。

在太师椅这一品种中，这把椅子算得上是较为含蓄的，没有渲染性装饰，较具有中庸的风格，其制做年代大致在乾隆嘉庆时期。

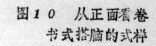
图10 从正面看卷书式搭脑的式样

	评 分 项 目		得分
1	造 型	（满分20分）	15
2	罕见及独特程度	（满分20分）	11
3	材 质	（满分15分）	8
4	年 代	（满分15分）	10
5	结构、做工难度及水平	（满分10分）	8
6	保存状况	（满分10分）	8
7	修复状况	（满分10分）	8
	总 分：68		

八、清紫檀五屏式太师椅

该椅为高束腰，席坐面，拐子扶手，攒装靠背，卷书式搭脑，靠背为三屏风式，每扇内嵌有一"福庆"图案的黄杨木雕，牙板与腿子的交接处起地浮雕古玉纹图案。

在造形上以直方为主题，整体与各部件之间比例合理均称。此外，该椅做工精湛，一丝不苟，为典型的"紫檀做工"。所谓"紫

— 13 —

檀做工"有两类做法，一种是通体光素不加任何雕饰，以突出紫檀这种名贵木材本身具有的极强质感，另一种是利用紫檀木具有的极好加工性能而精雕细刻，尤其常用起地浮雕具有西洋风格或古玉纹的图案。两种作法的共同特点是注重做工质量，无论木活、雕工、打磨都以能做出质感为其标准，是一种登峰造极的做工，从而使得原本就上乘的材料更为生辉生色。

靠背三屏内的透雕虽有些过分装饰和繁琐的倾向，但就整个椅子看仍不失为成功制品，且具有较浓的"清味"，看上去雍容华贵。从其用料、造形和做工来看，估计是乾隆年间的官庭制品，或是同期广东的"贡做"。总之，它是一件保存基本完好，有代表性的清代乾隆时期的家具精品。

	评 分 项 目		得分
1	造 型	（满分20分）	18
2	罕见及独特程度	（满分20分）	19
3	材 质	（满分15分）	15
4	年 代	（满分15分）	10
5	结构、做工难度及水平	（满分10分）	9
6	保存状况	（满分10分）	8
7	修复状况	（满分10分）	8

总 分：87

— 14 —

九、清紫檀浮雕番莲、云头搭脑太师椅

板座屉，洼束腰结构，所有部件内侧起阳线且线段交圈（形成迴路）。在造型和结构上它属太师椅类，但仍有着一些明式家具的风格。例如，具有弧度的靠背板，在清代太师椅中是较为少见的。又如其扶手、搭脑和靠背的两肩都为委角"⌐"过渡，委婉流畅。靠背的浮雕以及所有透雕的"飞子"都为西洋"洛可可"式图案，能与主体造形和谐映衬，属于成功的借鉴。

总之，该椅设计上，空间部局分割合理，虚实处理得当，在装饰上繁而不俗，恰到好处，看上去落落大方。此外，选料精良、做工精湛，尤其起地式的浮雕刀工逼人，打磨质量（当时多用搓草打磨）令人赞叹：其凸起处（包括所有微小的兜转）棱角分明快利，而地子平整光洁尤如镜面，此技绝非一般磨工有。

评 分 项 目		得分
1	造 型　　　　　　（满分２０分）	18
2	罕见及独特程度　　（满分２０分）	19
3	材 质　　　　　　（满分１５分）	15
4	年 代　　　　　　（满分１５分）	12
5	结构、做工难度及水平（满分１０分）	9
6	保存状况　　　　　（满分１０分）	8
7	修复状况　　　　　（满分１０分）	8
总 分：８９		

－15－

从总的感觉看，该椅为皇家造办处制品，制做年代约在康熙、雍正期间，在太师椅类中它不仅是年代较早的品种，而且属于上乘的精品。

十、清前期黄花梨攒背板、镶理石、影木芯四出头官帽椅

该椅由黄花梨木制成，从造形和结构看，无疑是苏州地区制品，而且它的用料、尺度、比例、座盘的冰盘沿线型、壸门式样的卷口和整体风彩上都和明代四出头官帽椅完全一致，但是，它的后背板采用了攒框的做法，从上至下分别嵌装了大理石芯、影木芯和壸门式样的亮脚，后背板的两侧还有从上至下通底的条形边饰（飞子），这些特征喻示了其制做年代可能较晚，并非是明代的制品。因为以上说到的这些做法在明代是不流行的。当然，不流行不见得一个没有，但因其同时占有了几个这种特征。所以有理由认为它系清初制品。

这把椅子的精彩之处是它的影木板芯上以传神的刀法刻有王献之的一幅行书帖（帖上有宋徽宗双龙印、宣和印，赵子固彝斋、毛晋波古阁和毛氏家藏的印鉴，它与上方大理石面上山水画似的图案相互呼应，富有了诗情画意，这种巧集书法、绘画、篆刻等含蓄艺术形式成一体的手法，极大地增强了椅子的艺术感染力。

家具上刻有铭文或款识，在一些存世的明清家具上是可以看到

—16—

的，这包括刻有题跋、购置款或制做款，但并非都是真的。一般讲，刻款有三种可能，一种是在制做的同时作为装饰刻上的，或是其定制者为记制造岁月和造价而刻的购置款。它们的特点是刻款与其家具具有相同的年份；第二种是某件家具经名人使用过，一旦为人所得，便撰写题跋刻上去，以说明来历；而第三种则是因刻款的家具会提高其市场价值而纯系作伪。而对于这类作伪的判别是颇具难度的，因为家具本身一般是真的，刻上字并非难事，诗文、跋可以抄来也可以自编，刻上之后做旧处理也不难，而仅凭对刀法技巧和其旧损程度的判别则实难得出有说服力的结论。但对这只椅子，笔者认为是原刻的，属于第一种情况。因为它实际上是靠背板艺术整体的一个部分，原设计和制做者显然是在设计该椅时是考虑到了整体风格的对应，缺了它大有艺术上不完全之感。读者不妨试想一下空白和加刻后不同效果，当会体会到设计者之匠心。

评 分 项 目		得分
1	造 型　　　　　　（满分20分）	19
2	罕见及独特程度　　（满分20分）	20
3	材 质　　　　　　（满分15分）	12
4	年 代　　　　　　（满分15分）	13
5	结构、制工难度及水平（满分10分）	9
6	保存状况　　　　　（满分10分）	8
7	修复状况　　　　　（满分10分）	8
总 分：89		

—17—

十一、明紫檀扇面形座面南官帽椅

该椅照片见"明式家具研究"封面 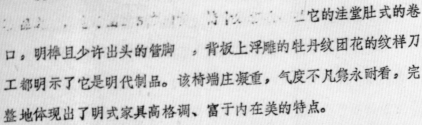它的洼堂肚式的卷口，明榫且少许出头的管脚，背板上浮雕的牡丹纹团花的纹样刀工都明示了它是明代制品。该椅端庄凝重，气度不凡隽永耐看，完整地体现出了明式家具高格调、富于内在美的特点。

除了上述的介绍之外，还有两点需特别说明：它们本四具成一堂，实为难得的是历经了400多年的风雷沧桑，它们竟能都完整无缺且仍在一起地被保存了下来，幸归王世襄先生收藏之后，又遇著名的老鲁迅馆传人修复大师祖连朋师傅加以归整。使之重放异彩，实为现存的明清家具中罕见的珍品。

	评 分 项 目		得分
1	造 型	（满分20分）	20
2	罕见及独特程度	（满分20分）	20
3	材 质	（满分15分）	15
4	年 代	（满分15分）	15
5	结构、做工难度及水平	（满分10分）	9
6	保存状况	（满分10分）	10
7	修复状况	（满分10分）	10
	总 分：99		

—18—

附录：评分表及打分方法简要说明

1、评分项目共有7项，满分为100分。

2、在对某只椅子进行打分时，是将其与明清时期的椅子为主体进行对比的，而并非是与它所属的某类椅子进行对比打分的。

3、分值是连续的，评分者可以酌斟给中间任一整数的分值。

*在对上文中的十一把椅子的保存状况和修复水平两项打分时，因考虑到仅从一张照片上读者不能得到有关的全部和真实的细节，所以除特别指出的之外，一律给8分。

用评分法来衡量明清家具的主要特点是可以较全面、有标准而且明确地评价某件家具，从而使得原本零散独立的家具之间有一个明确的对比。但是，这种方法是否科学，所编制的评分项目和分值安排是否合理，它的区分性、可比性、一致性和对应性是否良好，都有待从今后的实践中加以考查，但一般来讲，表中所列的7个评分项目，不仅适用于明清时代的椅子，也就是评价一件明清家具时应考虑到的主要方面。因此，该表至少可供在鉴赏某件家具时作为参考。在这七个项目中，第3项"材质"、第4项"年代"、第6项"保存状况"和最后一项"修复状况"，所涉及的是客观或直观的状况，因此不会有大的评分差距，第2项"罕见程度和独特程度"、第5项"结构合加理性及做工水平"，如具有了一定经验评分出入也不会太大。唯有第1项"造形"，由于人们的审美不同、欣赏水平不一，会有较大的给分出入，这是正常现象，它反映出的正是人们所具有的不同品味。

注　本文在构思和写作中曾得到张德祥先生的大力帮助。在此特表感谢。

—19—

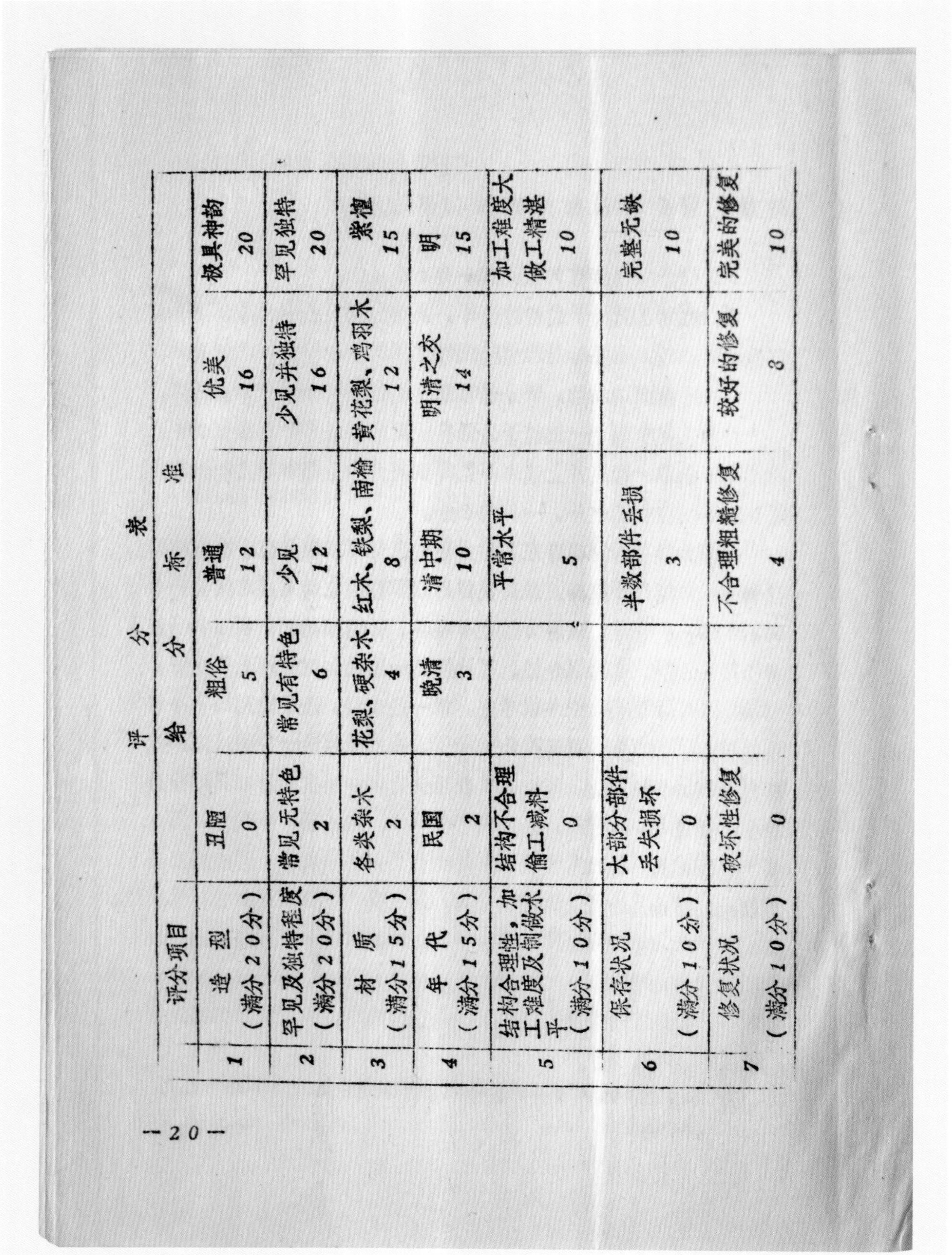

评 分 表

评分项目	评分标准				
1 造型（满分20分）	极具神韵 20	优美 16	普通 12	粗俗 5	丑陋 0
2 罕见及独特程度（满分20分）	罕见独特 20	少见并独特 16	少见 12	常见有特色 6	普遍无特色 2
3 材质（满分15分）	紫檀 15	黄花梨、鸡翅木 12	红木、铁梨、南榆 8	花梨、硬杂木 4	各类杂木 2
4 年代（满分15分）	明 15	明清之交 14	清中期 10	晚清 3	民国 2
5 结构合理性，加工程度及制做水平（满分10分）	加工难度大做工精湛 10		平常水平 5		结构不合理偷工减料 0
6 保存状况（满分10分）	完整无缺 10		半数部件丢损 3		大部分部件丢失损坏 0
7 修复状况（满分10分）	完美的修复 10	较好的修复 8	不合理粗糙修复 4		破坏性修复 0

—20—

一对万历黑漆描金凤纹亮格柜

田家青

对任何事物的认识总有由浅入深的过程，古典家具的收藏和研究也有其规律：初入门讲究木料的珍贵度，恨不得一根拨火棍如果是黄花梨的他也着迷。再进一步，知道要研究年代的早晚，到了较高阶段会琢磨家具的结构。往往过了这些阶段，才会对漆器家具产生兴趣，行家知道，若听说哪位玩主玩儿

漆器家具了，这是走到最高段位了。

这对亮格柜形式特殊，一对抽屉置于柜体顶端，亮格居中，柜体在下。柜体上下等宽，无侧角。亮格两侧设壶门形券口，沿券口边缘起阳线，亮格正面则不设券口（参考图 1a~图 1h）。柜子部分有闩杆，有柜膛。柜门有腰串两根，格子门式样。以圆球

图1b　亮格柜后上枨下方贴近框外处有"大明万历年制"双框六字楷书款。

图1d

图1e

图1g

图1h

形铜活链接柜体，便于拆装。此种铜活多应用于明代宫廷家具，民间殊不多见（参考图2，图3a、b、c）。其余部位的铜活如面叶、屈戌（屈曲）、吊环均保存良好。柜门内侧，柜膛内髹朱漆，有隔板将柜内空间一分为二。背板光素无纹饰，在后上桄正下方贴近框边处，有"大明万历年制"双框六字楷书款。

亮格柜宽63厘米，深47.5厘米，其纵深比达到了惊人的4∶3。参考《明式家具研究》所列举的多件馆藏及传世黄花梨亮格柜，其宽度大多是深度的2倍以上。至清代中期，亮格柜逐渐演变成为多宝格，故宫博物院所藏"清中早期 黑漆描金山水纹多宝格"的纵深比更是达到了5∶2。亮格柜外观的变化，是其从早期注重贮藏性到后期注重展示性的演变结果。亮格柜多有抽屉，或置于亮格之下，柜门之上；或置于柜门之内；抽屉如本品置于柜体顶端者未见著录。柜体通高180厘米，就此高度而言，抽屉的位置似并不合理，或许在当年有着特殊用途，或许为亮格柜设计之初的雏形。亮格柜顶板、亮格与柜体之间隔板均为独板，柜体底板则为打槽装板加穿带结构。柜顶多陈设大型古董器物，隔板上多放置各类书籍、珍玩，故而对承重性要求较高。柜体底板加穿带的做法，除承重因素外，更多则是出于结构稳定性上的考虑，为早期家具的结构特征。

亮格柜背板则采用了"响膛"结构，即背板以两块木板攒边装面心中空叠加而成。这对亮格柜设计之初的构思为后背靠墙而立，据推测，中空的双层背板更能起到阻隔潮气、防止另一面画有纹饰的前侧背板开裂变形之目的。并且"响膛"结构可在增加看面厚度

图2

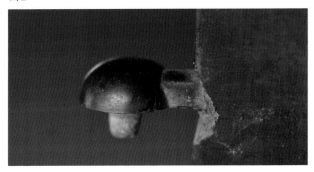

图3a

图3b

图3c

此柜柜门与柜体之间不是常见的明或暗装合页，而是上下合扣式，似上下两个蘑菇头，柜门随手就可拆下，材质为红铜，更显古朴，是年代较早家具的特征。

的同时减轻家具整体重量，使背板部分看上去不至于过分单薄，与整体协调。

整个柜体多采用"明枨"结构，"腰串儿"和"格子门"使家具结构更为稳定，坚固耐用。这种在今天看来牺牲了外在整体性与美观性的做法更为切合实际。框架及柜门边抹一律用素混面起边线，边线不交圈儿，料想彼时起边线的装饰方法刚刚兴起，每根边框、横枨均独立起线制作而成，尚未顾及线脚的整体性。在古人的设计理念中，实用性通常优先于观赏性，反映到家具制作中，体现在结构优先于美观。十七世纪末，黄花梨木材的广泛应用带来了制作理念的变革。更加坚韧的材质使家具结构得以简化，对审美的诉求得到释放，明枨变为暗枨，线脚由不交圈变为交圈，细节上日趋完善。凡事上行下效，宫廷家具的时尚用了近百年终渗透到明末江南士绅阶层的生活中，最终成为"经典的明式家具"。

《髹饰录》对于描金的阐述为"描金，一名泥金画漆，即纯金花文也。朱地、黑质共宜焉。其文以山水、翎毛、花果、人物故事等等；而细钩为阳，疏理为阴，或黑漆理，或彩金象"。"描金"即漆地上加描金花纹的做法。黑漆地最常见，其次是朱色地或紫色地，这对亮格柜即为黑漆地描金。

王世襄先生在《髹饰录解说》中描述，"北京近代匠师的做法是在退光漆地上先用色漆（或朱，或紫）画花纹，待干后，在花纹上打金胶，然后将金贴上去或上上去，此种方法即为干法施金。"故宫博物院藏"明万历黑漆描金龙纹药柜"，其纹饰中大量山石、花卉以及龙纹的部分需要以平涂的方法来表现，

以"干法施金"的应用更加合理高效。与"干法施金"相对应的是"湿法施金"，浙江省博物馆藏"北宋庆历二年识文描金盝顶舍利函"四面各有白描神仙故事画一幅，以金粉与调和剂混合后用毛笔直接在漆地上绘画而成，画家运笔爽利，毫不矜持。从绘画角度来讲，白描技法运用"湿法施金"显然比"干法施金"更直接且更具表现力。本件黑漆描金亮格柜上的纹饰同为"湿法施金"而成，无论程式化的缠枝莲纹，还是作为主题的凤穿莲花纹，皆以白描技法勾勒。

中国传统漆艺修饰技法可分为描绘、镶嵌、刻划、研磨、堆塑等。其中大家所熟知的剔红、百宝嵌、戗划填金等门类的传世实物多繁缛华丽巧夺天工，由造办处设计打样，再由工匠制作而成，更多体现的是工艺性和材料的稀缺性。相比之下，"黑漆描金"这一长期被低估的门类则更重艺术性和美学价值，专职绘画的工匠甚至宫廷画师以金粉调和胶水在漆地上直接进行白描，一气呵成，省略了中间工匠复制的环节，保留了最原始的艺术性和精神。本对"黑漆描金凤纹亮格柜"格调高洁，古朴素雅，置于书斋之中散发着浓浓的古意和历史气息，是一件精妙绝伦的宫廷文人家具。

亮格柜边框皆描绘缠枝莲纹，背板、柜体两侧、柜门、抽屉则绘凤穿莲花纹。（图4a、b）自明初以来，凤纹作为宫廷常用装饰题材之一广泛应用于漆器、瓷器、家具之上，但较龙纹少见。传世实物有"大明宣德年制"款剔红双凤穿莲花纹倭角方盘（图5），其双凤长尾羽翼的雕法迥异，可作凤、凰之辨；另有故宫博物院藏"大明万历年制"款青花

图4a

图4c　这对柜子最精美之处在于黑漆描金的游丝描,是用泥金毛笔悬腕勾画出神采奕奕的凤纹图案,其难度远远大于用毛笔在宣纸上画铁线描。展示了极高的工艺和艺术水准,也是这件柜子最具神采的亮点。

凤穿莲花纹碗(图6),双凤翱翔于缠枝莲间,构图与这对亮格柜异曲同工。《明会典》卷六十二"房屋器用等等"记载:洪武二十六年规定:"漆木器并不许用硃红及抹金、描金、雕琢龙凤纹。""官员床面、屏风、格子,并用杂色漆饰,不许雕刻龙凤纹并金饰硃漆。"此类记载说明明代早期宫廷即有凤纹描金漆家具的制作和应用。此后直至万历年间,有明确年款的黑漆描金家具才再次出现。

带有万历款识且为万历本朝的柜类髹漆家具除亮格柜本品外,目前全世界已知的仅有5件(对)(参考图7-11)。虽然其髹漆方式各不相同:有黑漆描金、戗金、彩漆、剔红、撒螺钿,其用途各异:有亮格柜、药柜、炕柜、架格、方角柜,我们仍然能够从型制上找到它们的共通之处。这对亮格柜与图4-8均采用明栈构造;与图4-7均采用"格子门";与图3、8皆为素混面起边线,且边线不交圈,与图3-8皆有款识,款识皆在背板正上方贴近边框处;与图4-8铜活相同,皆为

图 5 《Chinese Cloisonné: The Pierre Uldry Collection》85 页，图 54，Helmut Brinker & Albert Lutz，London，1989.

图 6 北京故宫博物院藏 "明万历 青花凤穿莲花纹碗"

图 7 北京故宫博物院藏 "明万历 黑漆撒螺钿描金龙纹架格"

图 8 北京故宫博物院藏 "大明万历丁未年制" 款 "红漆彩绘戗金云龙纹方角柜"

图9 北京故宫博物院藏"明万历 黑漆描金龙纹方角药柜"（成对之一）

图10 中国国家博物馆藏"明万历 黑漆描金龙纹方角药柜"（成对之一）

图11 奥地利实用艺术博物馆（MAK）藏"大明万历乙酉年制"款"剔红云龙纹小圆角柜"

图12 中国—印度研究会（Chinesisch-Indischen Gesellschaft）藏"明万历 黑漆描金橱柜"

图 13　法国吉美博物馆（Musée Guimet）藏 "黑漆描金缠枝莲龙纹大柜"

球形合叶、条形面叶、双孔屈戌（屈曲）、圆形吊环；这对亮格柜宽深比为 63/47.5 厘米，图 3 的宽深比为 157.6/63.1 厘米，图 4 的宽深比为 124.5/74.7 厘米，图 5 和 6 的宽深比为 78.9/57.6 厘米，图 7 的宽深比为 48/34 厘米，图 8 不详，

除去图 3 为架格类家具与图 8 不详之外，可知万历本朝的柜类家具结构特点为进深大，宽深比例小。

法国吉美博物馆（Musée Guimet）藏 "黑漆描金缠枝莲龙纹大柜"，背板正上方贴近边框处有 "大明万历年制" 六字楷书款，宽深比为 192.4/82.2 厘米。曾收录于《Les Meubles de La Chine》, Odilon Roche, Librairie Des Arts D0coratifs, Paris, 1922., 彼时顶箱尚未遗失，为大六件柜。无论从型制、纹饰、铜活各方面考量，这都是一件清代早期的宫廷家具，"大明万历年制" 为仿款；2009 年香港苏富比 "古韵凝香 别古藏明代御制家具" 专场中一件 "黑漆描金瑞狮穿莲纹方角柜"，背板正上方贴近边框处有 "大明万历年制" 六字楷书款，宽深比为 102.9/51.3 厘米。与吉美博物馆所藏龙纹大柜同为清代早期的宫廷家具。同类作品还有美国费城博物馆（Philadelphia Museum of Art）所藏 "黑漆描金缠枝莲龙纹顶箱柜"，宽深比为 143.5/66.8 厘米；以及北京故宫博物院所藏 "黑漆描金缠枝莲龙纹顶箱柜" 宽深比为 188/81.2 厘米。

学木工 [①]

田家青

2018 年，在我 65 岁时收到了中国国家图书馆发来的征集函，《清代家具》和《明韵》两本专著手稿入藏善本馆名家手稿库，作为国家档案永久保存。从来函得知，自 1911 年至今，只有 150 余部近现代书籍获此殊荣。随后，国家图书馆为这两本书举办了为期 40 天的专题展览。这不仅是对这两部书学术水准和历史地位的承认，更是著书人得到的最高回报。

《清代家具》一书是对中国历史上一类文物的总结，开创了一个新的学科，是我从 20 几岁开始花了 20 年功夫在业余时间编写，40 岁时出版的，算是一个传奇。

《明韵》则是记录了我把家具作为艺术品，继承和创新的作品。这批家具于 1995 年由中国嘉德拍卖公司成功拍卖，开创了国际大拍卖行拍卖当代器物的先例。

回想起来，我的家具事业的开端应该是从我插队中一个很有意思的经历——学木工开始的。

现在让我们回到五十年前的 1970 年冬天：

我们村子没有木匠，但附近各村的人都说我们邻村有位胡大叔是个巧木匠，手艺挺神。我颇为向往，离我们村又不远，第二年入冬农闲我就到了他的大院儿跟他学艺，从用墨斗画线，抡斧头劈木头到推刨子拉锯，凿卯开隼，熬膘上胶等最基本的木工技艺学起。我生性喜欢动手干活，手跟得上劲，又下心，学得很快，正赶上他为一家人过年要娶媳妇儿赶做全套的家具，正缺人手，我勤快不说还不要工钱所以他特乐意教我。我们从选料开始，花了一个多月的时间连同打造新的，再加上翻新旧的竟打造了一堂的破桌椅板凳。记得有 20 几件，大点儿的是大躺柜、八仙桌，还打造了一个小件—首饰盒，可笑的是，当时都那么穷，哪有什么首饰，可首饰盒必须都得有一个。后来我研究明清家具才发现，首饰盒是旧时各阶层人家的必备之物。从皇家的用紫檀、黄花梨木的首饰盒，其精湛的工艺及精美的装饰，让人叹为观止，谁见到都发晕，到乡村底层，当爹的为嫁女儿，请不起木工打造，就自己楞拿菜刀靠钉子钉好歹也得给剁出来做一个，这样的首饰盒就别提有多粗糙了，总之各社会阶层的人要嫁女儿，都得有这么一个东西。

中国木工分成几大类，建筑的称大木作，打造大车农具的叫大车匠，做家具还分细木工和柴木匠，另外还有做小型器物座的称小器作，全国亦有太多的流派。我老家的河北流派，从传世的大量清代到民国时期的民间

---

① 摘自回忆 15 岁上山下乡生活的《和贫下中农在一起的岁月》一书（待出版）。

2018年11月22日——12月21日
中国国家图片馆"田家青著作和作品手稿展"现场
韩振　摄影

家具看，普遍品质较低，这类家具造型有河北农民那种憨壮、四平八稳、木讷的感觉，跟艺术沾不上半点边，结构和工艺大多较差，用料亦不讲究。河北地区不仅不产硬木，制作家具的好品种树种都很少，能逮着什么木头用什么木头，木料往往也不进行严格认真的干燥处理，所以易变形开裂。这类家具纯粹是为了凑合使用，回想我们村各家各户的家具，包括胡大叔打造的家具，若以工艺评判，大多可称作"斧子活"，这是我创造的词，意思是这种家具基本是靠斧子劈砍造出来的，因为图省工只刨削表面看得见部件的看面，看不见的里面抢完了斧子，连刨平一下他都

懒得干，这类家具结构多为"怯作"，（有露怯，笨，傻的意思）。仅以粘胶为例，我们那时用的是驴皮、猪皮熬的膘胶，制备膘就挺费劲的，聪明的细木工都知道，中国木器家具靠的是榫卯结构，关键的地方点胶就行了，用少量的胶点到为止，一把椅子，实际只要有几个地方点胶就足够了，可他老爷子打造的家具，凡是两木相接之处，甭管是什么结构，先糊上一层胶再说，其实那些地方糊胶根本没任何意义，纯粹的冒傻气，所以被称"怯"。老胡木匠还挺喜欢自我吹嘘。我后来认识的北京几位身怀绝技鲁班馆的名匠，反而谦和，从不炫耀含而不露，两种木匠对

比后，我悟出了一条鉴人经验：凡是能诈唬爱吹牛，太会说又爱显摆的，一定不是真的神人。

后来回想，胡大叔就是一个典型的怯作柴木匠。他人虽精明，手真巧，但是他所处在的社会环境和经济条件，也根本不会让他做好家具，对应社会，需要不是好而是怎么能对付，要求是什么都得能对付做出来，而且得手快，从做炉灶旁用的木头风箱到锅盖儿，从擀面杖到压面机，马鞍子几乎天底下实用的东西他都能拿木头给你鼓捣出来，就没有他干不了的，所以他成了全活工匠，说是什么都能干，可他干什么都只能干个二五眼，相比之下打造家具还算好一点。胡大叔对木工其实并不热爱，做木匠纯粹是为了生活，他老爱说"干什么的恨什么"，做的活常爱糊弄人，这叫一个能对付和糊弄。记得他经常说的歇后语是："他×的，这就是'大麻籽（蓖麻籽儿）喂鸡，糊弄蛋的事'"。他说这句话时，"蛋"字特别加重加长，显得糊弄了人家、骗了人家、损了人家，还骂了人家，很是得意很过瘾很满足。我爱琢磨，当我第一次听他说这句话，弄明白了这个歇后语的意思后，觉得特可笑，我心里是这么想的："用蓖麻籽儿喂鸡？鸡那么傻吗，它也不吃呀，就算是它吃了，蓖麻籽是工业油的原料，除了让鸡跑肚拉稀，它也下不了蛋呀，这不就是糊弄自己吗，自己不就成了蛋了吗？那这不就是骂了自己了吗？"

胡大叔打造的家具，甭管是什么品种，干什么用的，木工完活后表面都糙糙厚厚地刷一遍土红色的土大漆，掩盖加工糙的表面，木头上结疤劈裂也就看不出来了。在乡村中能够成为一个木匠很吃香，能学出来不容易，一定是有聪明过人之处。他们村是个大村，包括周边的村子就他一个木匠，吃独食，中国民间一直把木匠称为巧木匠，他们的智商和动手能力高，从这个意义上讲，胡木匠确实相当聪明，尤其手很快，这是他最大的长处，也是他能安身立命的根本。例如，他最厉害的功夫是凿卯，一般的木匠凿一个卯得凿十几凿子，他四五下就能凿出来，比人家快一倍还多，这里的门道就是因为木头有韧性，就像钉钉子，钉进去容易，可把钉子拔出来很难一样，一凿子下去凿得太深，凿子就拔不出来了，所以一般的木匠只能一点点地凿，胡木匠的绝招是绝在斧子打到凿子头上的那一瞬间握凿子的手是晃动的，也就说凿子是摇着凿进去的，所以就容易拔出来，难得的是他斧子还抡的特圆，砸得上劲。砸得上劲也有危险，万一偏了砸在手上，手骨就打碎了，为此，他的斧子是平着拍下去的，斧子平躺着用面积大得多，安全。他这算绝技，胡木匠凿卯动作协调，看他凿卯都特给劲，过瘾。

回想我后来组建木工工作室，总结出个规律：是个男人都可以做点儿初级糙木工活，一点都不难，但是100个男人里也出不了一个好木匠，能练就一手绝活儿的细木工更是万人中难挑一，我学过细木工也学过钢琴，爱理工，我自学英文也没觉得有多难，唯学细木工感觉挺费劲的，深知道这个绝技要比弹钢琴还难得多的多，胡木匠这个绝招儿，超越了技术的范畴，需要的是意念，但是他这点儿本事再大，也只是在"术"的层面，可惜哪件东西也没见他真正地做好做绝做精，而且他从不创新。他的招多是多，可是他爱出歪招，他这不是"道"，和真正有成就的人根本没法儿比。可是这种比普通人强可又不是顶天的人，总会自我感觉良好，觉得高人一大等，反过来呢，他就认为他总是吃亏，因此负面情绪特别多，一天到晚地不顺心，哪哪都不满意，发牢骚，摔摔打打，骂骂咧咧，好像这个世界都欠着他的。例如，他总是说，算这辈子倒霉，生的不是地方不是时候，混吧，混死他×的算。从他身上我有很多感悟。首先，瞎发牢骚自己不痛快，还让你旁边的人跟着一块儿被动受气，（他媳妇也腻歪他）又根本起不了任何作用，这何苦呢。负面情绪挺影响人，例如，工作环境和秩序非常重要，可在这方面他总搞得一塌糊涂，用难听的话形容就是"能刨个窝就下蛋，满处丢蛋的鸡"，这话虽然难听，但形容他干活没秩序确实形象，他把一切包括家庭生活都弄得乱七八糟，乱哄哄的。例如，我们都知道，磨刀不误砍柴工，但是这位爷不仅工具满世界的扔，而且他不爱收拾工具，哪个用起来都不是很好用，反而给自己找麻烦。而且负面情绪对干活也有影响，看他干活，常能看到挺有趣的一幕：用刨子刨木头的时候，遇到木头有旋转纹理，或节疤的地方往往会戗茬儿，戗起的木茬还会钻到刨子里，就跟钻到牙缝里食物一样，难清理剔出。对于这种地方，一般地看到了，可把刨子的刨刀敲下来，反装上去，刀韧出的浅一点，压住刨子慢一点推可以减轻戗茬，至少应抹上点水，也会好得多，这都费不了多大的劲。但是胡木匠是较劲思维，经常是明明看到了木板有问题，他非要较劲、楞干，一咬牙、一瞪眼、一蹬腿，带着一声吼，不管三七二十一，一刨子就推下去了，接着

是一声骂"×的"，这样干的结果是除了偶尔因力气够大速度够快，征服了，可更多的时候会戗茬了，不仅刨子又给堵了，去清理，费好几倍的劲，烦人不说，还把木头表面啃得乱七八糟，你说这是何苦呢？

我是学会一点什么往往就会上瘾，来劲，学了一冬的木匠，还真的迷上了。我在家里好好整出了一间房做木工房就开练了，先认真打制了一套木工工具，不是怕戗茬吗，我干脆做两套刨子，一套刨刀的角度是立着的，专门对付戗茬用。再例如，斧子，我和铁匠一起琢磨锻打了三把不同用途的斧子：一个大直斧，一个小直斧，一个中号偏斧。为凿卯，我不用斧子，专锻造了一只扁方锤，砸下去比斧子有劲得多还不会砸着手。我给斧头安手柄时，为了让斧子头永久地不会从手柄中甩出去，专门有个机巧的设计，斧头越用越紧，我非常得意。这也是接受胡木匠的教训，本来他干的就都是"斧子活"，斧子用得最多，可是他就有一把斧子，斧头还是随便装在手柄上的，抡一阵子就松了，要打进个木楔挤紧，要不再用斧子头就甩出去了。每次他打木楔都烦，骂骂咧咧的，凭他的能力，有的是一劳永逸的招数和办法，可他就是不干。我打造的三十几件工具，件件精致漂亮，还收拾得特好用，锃光瓦亮，我爱不释手，我把它们分门别类整齐排列放在两面墙上，特养眼，每天看着都高兴，更给了我希望。

有乐趣的支撑，干活就是享受，别提多陶醉了。我先是给胡木匠打造了一张小炕柜，算谢师礼吧，这张小炕柜是件不上漆的"清水活"，透着木纹理的美，这种活糊弄不了人，从选料到结构，制作都费心下力，想来该算

作是最早的一件"家青制器"作品。说出来您准不信，胡木匠家里就没有一件像样的家具，而且凡是有腿的就没有不晃悠的。由此也可证明：胡木匠说的"干什么的恨什么"是真心话。

随后，我兴致勃勃地为自己打造了我房子的窗户和窗格，原来的窗户太粗糙，太难看，太差劲了，冬天跑风夏天进蚊虫，还不能整扇地打开，我自己设计打造的窗格又漂亮又好用。这里我要感谢胡木匠，我练出了干活手快。然后又改制了门，一样的房子，换完我做的门窗面貌一新，窗户门做完了原本我还计划做家具，逐步更新我用的各种器物，只是后来没有多少天我就离开了农村。

后来，我二十岁时回到了北京，见到了精美无比的明式家具和清代的宫廷家具，因为有胡木匠做的柴木家具比较，一下就被震昏了，从而迷上了明清家具。我结识了北京南城鲁班馆的几位名师，他们有的是皇家造办处木作的传人，正宗的传统硬木细木工，我又重新从头学习传统地道的硬木细木工工艺，等于长征两次过草地。学习了硬木细木工工艺，才深深理解了为什么老胡大叔这类木工在旧时被称为柴木匠，他们做的家具被称"柴木家具"，"柴"字在意思上有"松""垮""次"等解释，柴木家具当然是贬义。客观地说在真正的传统硬木细木工眼里看他们做的家具真的也就配当柴火烧。因为这两种木工我都干过，所以更深刻体会到两者理念本质的不同：柴木匠是怎么省事怎么快怎么来，细木工是怎样机巧怎么讲究怎么干。这对我后来在明清家具学术性研究上，有实质的帮助，甭管动了什么坏心眼，怎么

倒饰的伪作家具，一眼就能识破，明清家具的专家和学者，包括世界级的权威，似乎没听说有谁有过两次学推刨子拉锯做家具的经历。正因为有了眼力，我还收藏了一批绝精的清宫家具，令业界和收藏界的人见了发晕。

例如，我收藏有一对清早期的百花窗格，它的上百个十字联圆的花形几乎都不一样，绝！真绝！这对窗格当年就混在旧家具市场，扔在院子破窗格的堆里，因为它用的就是普通的木料，货主没发现它的特殊，多少天有多少专门去淘货的买主们都没有注意它，我那次纯粹是路过，扫了一眼，就把它们从成堆的破窗格里"认"了出来，拎了回来，在我眼里它们是"冒"出来的。这对窗格我挂在家中显著的地方，这些年来的人都看，琢磨，可我不提示似没人看到特殊，这才是真正的"超级低调，超级奢华"。

看木器，一般人看外观和用料，专家学者还会从造型、装饰风格入手，我则更看其结构、工艺特点，察看的是其"基因"，不仅准确，而且能告诉你与这件家具诸多的相关信息：年代，用料，哪个地区做的，是什么脾气的人做的，做得好不好，是否有偷手，在哪里偷手，耍了什么心眼抖了什么机灵，历史上是否被修复改动过，改过几次，怎么改的，什么人改的，为什么改的，不用多磨叨，一两眼扫过去我心里就都明白了。

20世纪的80年代，有一天我去北京最负盛名的古玩中心。能在这里扎下来开店的人都是古玩商中的高手，一个赛一个的有眼力。所有店家都在这个大院子里，相互都看得见，可以交流，好东西真的很难从这里溜走，那天我到时天已经快黑了，刚进院见一

个人抱着块儿木雕板满脸沮丧地从店铺离开了，他显然是送东西来卖可没有成交。他迎面走来即将和我擦身而过时我瞄了一眼木雕板，它的气韵让我惊了：这是清宫宝座靠背的雕饰！精品中的神品，冒着皇家气魄和气势，虽然只是件部件，但它是一个独立的艺术品。我问他：给我看看行吗？他递给了我，我问他要卖多少钱，他说了一个不高的价钱。我说去个零头我要了吧，他同意了，他拿到钱，都没看我一眼，转身就跑了，显然是怕我反悔。他走了以后，诸商家聚了过来告诉我说，这位在这里头磨叽半天了，这件东西我们都反复看过了，工是真好，但木头不对啊，开的价还挺高，所以我们都没要。我说怎么不对了，典型的官造（清紫禁城皇家造办处制作）神品啊，材质一准儿是檀香的。他们说我们都想到了，可是怎么闻就闻不到檀香的香味儿，看着还黑乎乎的，再说也没见过这么大的檀香木啊。我说这么大的气场还用看什么材料啊，檀香是绝对错不了。大伙再一块琢磨，最终弄明白了为什么这雕件不香：送来东西的这位爷可真有两下子，来的时候，为了让雕板更光润漂亮，能卖更高价，没事儿撑的，自作聪明给满满涂上了一层花生油，结果不仅一股子油腻味盖住了檀香味儿，还把原本浅颜色的质地那么细美的檀香木弄了个大花脸。结果他一路找商家看，一路的降价，一路的没人要，最后没辙处理甩给了我。事儿搞清楚了，这几位商家拍大腿的拍大腿，拧胳膊的拧胳膊，说合着这是我们一块给你侃下了价，你白捡了便宜。其实这也不是说他们不行，是他们都没有真正做过家具，尤其我见过低劣的家具的制作，所以反而对好

的东西的反应和灵敏度更高。他们调侃我说："你这两下子叫能从泥猴儿里认出美人来"。

那天看到的这个雕版，从其气韵能确认除了当年穿着黄马褂儿在紫禁城内皇家的家里头给皇帝做家具造办处的工匠，没人能做出这种精气神。当年的皇家工匠是由粤海关监督两淮盐政保举来的最棒的工匠，他们住在皇城，拿着比县令还高的俸禄，每天在皇帝家里做家具，才有这种感觉。这些知识都是我在研究清代宫廷家具时通过档案查找获得的。当时从这个后背的造型和雕饰我脑子里立刻还原了这件宝座的原貌，可以肯定是给圆明园定制的，我知道圆明园配置的家具费的劲要远高于故宫，这个残件一定是圆明园被焚烧之后散落在民间。且最高规格的，一定是用檀香木，所以鉴定时根本用不着去看木头。正因为是皇家才能够得到民间百姓根本见不到的那么大尺寸那么上好的檀香木，这些信息都关联在一起的，一下引出一片。总之实践的重要性怎么强调都不为过，正是因为从小开始做木匠，所以后来练就了过人的眼力。编写《清代家具》的时候，我为全书选入了几百件实例，出版20多年来，七次再版发行，翻译成了英文，至今被无数次的引用，但业界没有人说过有哪一件实例是弄错了年代或者有问题。经历了时间的考验使它成了一部经典。

后来我自己创新设计和制作家具，首先下真心，真功夫，让制作工艺无人可比，例如，胡木匠最不注意细节，我越在细节上使劲，同仁都说我们做的家具在世界上留多少年一眼就分得出来，首先没有备楔（卯打大了，榫做瘦了，砸进个木楔填满。）挤紧，另外

此片清中期的旧窗花是我从旧建材市场旧窗格堆中拣出来的，长94厘米、宽47厘米，是由最廉价的杨木制成的，此片窗花虽不值钱，但在我眼中并不一般，为何？不妨先多看一看，琢磨琢磨，看看咱们是否想到了一块。

此扇窗格内的一百多个十字联圆的花形，粗看图案相同，实际大都不同，其难度可想而知，这种廉价材的民间窗格在当年做得再好，再有创造性也不会多得多少工钱，透过这片窗格，让我们看到的是诚恳、勤劳的木工工匠，在用心从事着他的"创作"，他把对生活的向往，心中的美和真诚融入手中的活计上了，见物如见人，令人起敬。

大量制作的仿古家具的商家们，在此窗格前，不觉得有些……

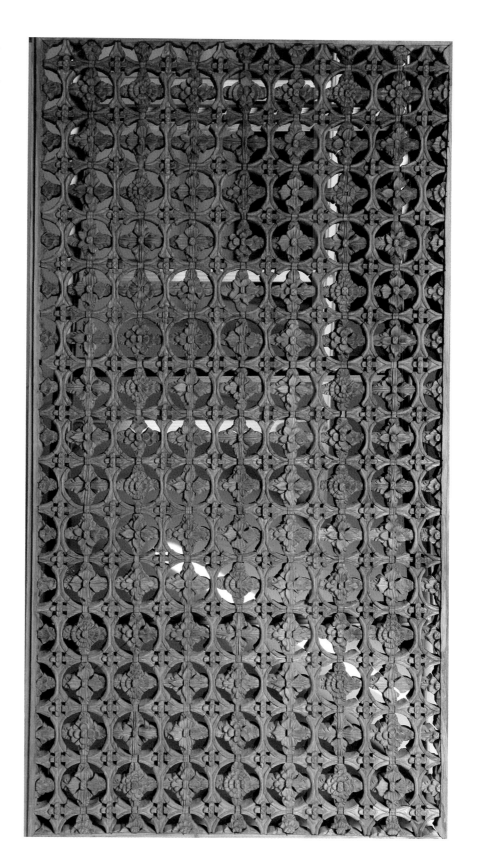

越是暗处越是绕手，越加劲，做得越好，从胡木匠那儿我领悟了，糊弄人最终只能导致跑肚拉稀，要想成事，必须真诚且只有老老实实把活做好才能长久。我也知道了，想立得住，必须有绝活。我设计的传统式样的大扇面扶手椅，所以被业界誉为"田氏椅"，是因比例关系和结构关系推敲到了极致，真正成为艺术品。为达到此目标，曾制作过几次实物1/3、1/4的全榫卯模型，可想费了多少工夫。著名学者朱家溍先生为此椅题铭"凝神默坐感通无为"是对器物的最高的评价。

胡木匠是当地人们眼中的能人，他智商高，动手能力出众，不服不行，在农村里显得特别突出，很吃得开，但胡木匠，对付，糊弄，混是一道生活主线。他的负面情绪不仅对自己没有好处，而且影响到家人，本来，比只能靠在地里刨食挣工分的农民，木匠不下地干农活，没那么苦，比铁匠没那么累，收入还高得多，可他家日子过得一团糟。更因为他负面的情绪，自己不痛快也不愿进步，永远是一位"怯"木匠。

前些年偶尔看到了一组外国人在民国初年拍摄的中国民间匠人的黑白照片，其中有一张是一个木匠的背影，一看到这张照片我就乐了：这不就是胡木匠吗，当然肯定不会是他本人，只是他们俩人的那股子劲头儿和举止简直太神似了，这位爷肯定也是机灵：你看他拿把斧子就一锅挑走了全套工具，锯上边别着木工角尺、凿子、扁铲、踩口刨、墨斗：但是所有的工具显然都不讲究，都是通用工具。例如，锯至少应该有四把，他一把通吃的，锯什么都靠这张锯了，是都

能凑合用，但是哪个也锯不了太好，靠这套工具，就算有顶天的好手艺也甭指望能做出好活儿。若再仔细看看细节，他的斧头也是马马虎虎装在木柄上的，刨子不装盖刃，他干活时糊弄、对付、混肯定和胡木匠有一拼。拍这张照片的摄影师颇有功力，捕捉的信息非常准确，形象地展示了一个民间的"土"木匠。

回想我学习木器有像祖连朋、张怀歉、陈书考这样的一代名师，更受业于王世襄、朱家溍先生，但我绝不否认胡木匠是我的师父。

回想胡大叔对我这个小家伙是很好。看得出来，他确实从心里挺喜欢我的。他天性怂脾气，跟人说话总是戗着茬来，嘴损，可他从没有挖苦、数落或损过我。手艺上对我没有保留，虽然只学了三个多月，但是按照农村的标准，完全够出师。关键是他的一些绝活儿，招数，尤其是干活手快的特点，机巧的思路我学会了，领悟了。干活手快，可

不光是对木工，干任何工作都很重要，终生的受益。到了后来，我们已经挺默契走动挺多的了，在我即将离开农村前两天，我去跟他告别，说到了这次招工我被招上了，虽然算是当了工人，可是放线工，还是在田野里边跑，又没技术，我抱怨说还不如待下去好好干木匠。他说，能离开这个穷地方去干什么都比在这强。接着他脸色沉了下来，像变了人一个人似的，正经地以他从来没有过的口气，很慢很认真地跟我说："人活一世，草木一秋，什么事儿啊，别那么杠劲。木匠就不是什么好营生，你想想，锯根木头，差一锯都断不下来呀，你呀，又不缺脑子，以后日子长着呐，变化大着呢，多点儿心劲儿，学个俏活的营生干，木匠能干出啥名堂来。"我知道胡木匠的歪理多，这段话当然不是歪理，但也并非是正理，可确实是对我的真心告示，肺腑之言，我心里一阵发热，感动地回答说："是，我记住了。"

20世纪90年代初向朱家溍先生请教问题

人的命运真是很多变。我离开农村到了地球物理勘探局,这是一个央企,总部在徐水。一到那,总部大院和气派的建筑物就把我震晕了,出入的汽车都是很新的日本的伍仕铃,各种款式、颜色,漂亮极了,不仅在一般的地方,连北京都难见到,真有刘姥姥进了大观园的感觉。我们招来的上百人都穿上了石油工人的工作服,心想,前几天还是农民,这一下就成了工人阶级,领导阶级了!接下来几天是基本教育,第一天有个考试,最基础的数理化等,我觉得不难,相信应是满分。另外两天是基本的职业培训,我知道了石油勘探的野外放线工根本不艰苦,一天也就走十多公里,背着不是电缆线,是信号线,不那么重,而且后勤保障车跟着,伙食标准很高,吃得上热饭菜。和我在农村拉碌碡完全是两回事,冬天两个月和夏天的一个半月是修整,可以去石油部的疗养地疗养,也可以回家,还拿全工资,所以觉得这工作简直就是玩,唯一遗憾的就是没有任何技术可以学。第五天分配,分别派到辽河、中南和华北的野外勘探大队,可我和另外几个人留了下来,住进了招待所,更意外的是局领导,是一位师政委,(解放军军管会的军代表)亲自接见了我们,说我们留在总部工作,有几个工种可以来选择,其中有做实验室技工,帮科学家准备分析的岩样,工作环境好,活也轻松,符合胡师傅"俏活"的标准。可我想学点有用的手艺,而且我也看到了,物探局汽修厂是个大型汽修厂,修的大都是石油勘探开发的特种进口车辆,我喜欢汽车,就要求把我分配到了汽修厂,成了汽修工。真不好意思,这次选择没有听胡师傅的"教诲",修汽车和干木匠一样,差一板子,螺丝都上不紧,又挺脏的,当然不算是俏活。

修了两年汽车后我上了大学,毕业以后到石油化工科学院研究汽车润滑油,我专业最大的成绩是制定了中华人民共和国车辆齿轮油国家标准(GL37法)。当年中国道路上跑的每一辆汽车里的润滑油是要通过我制定的评定标准生产。专业之外业余时间我没听师胡父的话,还干木匠玩儿。专业科研润滑油和业余琢磨古典家具一块干,两不耽误。没想到最后在家具领域闹得动静比我的专业大得多。"工匠"还真干出了名堂。

这么多年来,我也体会出:人人都能做的相同的事儿,哪怕是简单的事,都可以做得不一样。在写这本书的时候,有文学批评家说写这个题材的人太多了,故事也太多了,能想到的各种写法各种风格都有了,你怎么写也不可能出彩儿。确实,文学家写的知青的作品具有文学色彩,但是我写的内容真实,我相信真实最感人。我不敢说这本书可以"出彩儿",但我相信任何平凡的事,下心、努力、认真都可以做得"出彩儿"。

明清至民国期间，中国民居和民间家具
上常使用的一些类型的锁具。

图1

清代广锁、机关锁、多开锁、红铜锁，尺寸较小，主
要用于家具、首饰盒，是锁具中的精品。

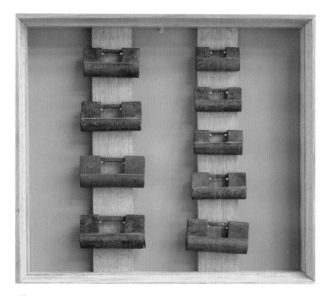

图2

民国横开异型锁，机制制作数量大，铁锁里一个独特
的品种。

图3

清代手工铁锁，主要用于门上，加工工艺精细，颇具
山西地方特色的铁锁。

图4

清代袖珍铜锁，首饰盒用，造型独特，外观秀气，开启原理简单。

图5

清代铁制异型锁，有简单的防盗工艺，山西特色。

图6

清代山西藏式铁锁，加工工艺独特，防盗技术成熟，钥匙形制特别，民间存量比较少，主要用于家具。

图7

民国机制铁锁，引进西方制锁技术，是量产的锁具，形状似元宝状，寓意吉祥，用于门和柜子上，这类机制锁使用可靠，结实。

图8

清代手工铁锁，器形方正，锁芯变换多样，防盗功能好，结实耐用，钥匙设计亦很独特。

图9

清晚民国机制锁，引进西方锁具结构和加工技术，用于门和家具，防盗方式独特。

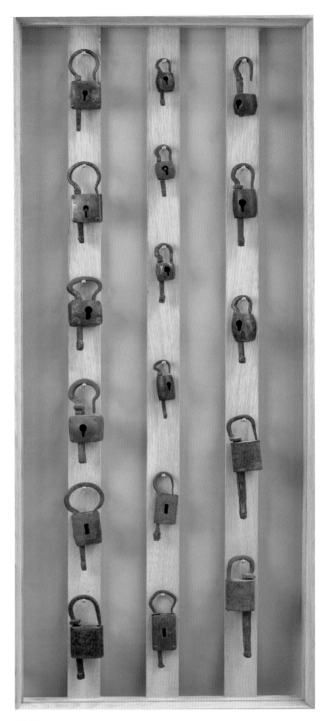

图10

清末民初铁制立锁，桶锁，用于门上，有机制和手工两种，钥匙有西洋钥匙特点。

图11

清代铜制广锁，根据钥匙孔可以分为，吉字锁，一字锁，工字锁，锁孔的变化致使钥匙一般不通用，具有较好的防盗性。

图12

清代铜制錾刻工广锁，开启原理和常见广锁相同，錾刻内容以刻画刻字，花有牡丹，莲花等，字有五子登科，三元五子等，都是吉祥的寓意，锁具中精品。

图13

清末民初箍锁，材质为铁，结实耐用，防盗效果好，外观设计独特，有手工和机制两种。

图14

清代早期铜广锁，锁肚形状微鼓起、饱满，器型圆滑，清代盛世的工艺，制造考究，使用有较好的手感，用于柜子上的铜锁。

图15

明代铜锁，做工精致，器形端庄，明显的特征是锁的肚膛是平的，具较早的时代特征，主要用于柜子上，存世相对稀少。

《清代家具》修订后记

田家青

编写出一部清代家具专著的理想，萌发于 20 世纪 70 年代后期。当时这一领域还是完全的空白，我也只是一位在古旧家具圈中"泡"了几年的家具迷，真是"不知深浅"，有的只是激情和理想。

确实，客观上，我幸运地赶上了学习研究古代家具的一个特殊的好时期。适逢"文革"刚结束，古旧家具从"四旧"变成了"破烂"。随着落实政策，"文革"初期的抄家物品得以退还；但因只退物品不退房，大量从王府、贵胄大院中抄走的家具退回时无处可放，又被转到旧货店、地摊，堆积成小山。那时期，我有时间就骑上自行车带上相机四九城转着看，在与一些"打小鼓"（旧时专门串巷收购古旧货物的商贩）出身的老业者"神侃"之中，初步学会了木料鉴别等判别古旧家具高下的知识，听到了不少旧时倒腾硬木家具的趣闻轶事。见到有研究价值的家具，就拍个照片；碰上特别喜欢又不贵的一些小件家具或残器，买下后，三下五除二，打散后捆成捆，带回家，琢磨琢磨其榫卯结构，再修配上残缺的部件，可谓其乐无穷。几年跑下来，真是见到了数不清的器物，不仅学了很多知识，结识了当年京城屈指可数的几位同好，也与几位老北京鲁班馆的木匠名师结成了忘年之交，学习掌握了硬木工制作的技艺，

《清代家具》修订版

《清代家具》"全家福"，自左至右：中文版、中文版首发式招贴、英文版获奖证书、不同版本的英文版《清代家具》。（Classic Chinese Furniture of the Qing Dynasty）

学会了专业术语和一套套的行话、俚语，自觉在此行业已是"门儿清"了。加之当时也拍下了不少家具的照片，就试着动笔写书了。

但一动笔才感到，玩儿是一回事，研究是一回事，把研究成果整理写出来又是另一回事。原本满脑子的东西、说不完的话，却都写不出来了。花了两年时间才写出了第一篇文章《坐墩》，随后印在自办的《古代家具研究》小册子上，见本书《绣墩漫谈》一文，刊出后一读，自觉不仅内容浅薄，所拍摄的家具照片，也因变形、欠层次，不能表现出

在宿舍的床上鼓捣和修复收来的旧家具
拍摄于20世纪70年代末

原物的风采，此刻才知道"照相"和专业摄影根本也是两回事，不禁有了下海方知海之深的感觉。

后来，社会环境发生了一些变化，我先后结识了一些爱好古典家具的文化人士，有萨本介、邓友梅、舒乙、黄胄、白雪石、史树青、朱家溍、杨乃济诸先生，常聚在一起交流研讨。他们虽然不会运斤打造家具，但善于从历史和艺术的角度审视和鉴赏古典家具。使我高兴的是：喜爱传统家具的人不都是"板爷"（当时倒卖家具的多是蹬平板三轮车的，被尊称为"板爷"）、打小鼓的商贩和军阀、地主、商人，这是一个有文化、有意义的领域。就是在这一时期，我认识了王世襄先生。第一次去王先生家，见到几间房都摆满了明代家具（现都在上海博物馆），其他地方放的都是书籍和资料，只留下一条过道。屋里看似繁乱，却显示出非同一般的格调和品位，更透着主人的学识和修养。谈起明式家具，王先生更有远高他人一筹的见解，例如，当时这个圈子里的人都很以会说满口的行话、术语而得意，而王先生能知道这些术语在历史上的出处。王先生校注明代万历版的《鲁班经》包括校错别字、译意、

这不仅需要关于大木作、小木作营造的具体知识，还需深厚的古文献和文字功底。王先生早年研究古代绘画，又是古代漆器专家，故能从汉文化发展的角度审视和鉴赏明式家具，使我理解了当年常说的"站得高，看得远，看得深"的含义，当时似乎有了找到"组织"的感觉，也隐约意识到今生会与王先生有不解之缘。当时，王先生在编写《明式家具珍赏》，他告诉我，研究文物若想有所成就，需在"文献调研""实物观察""工艺技法实践"三方面下苦功夫，三者相结合，可谓超级的理论联系实际，要有一股"狠劲儿和傻劲儿"。对于出版书，他更有一股与自己过不去的精神：内容须新，观点须明确，考据要翔实，出处要明确，注释要详尽，文字要简练。招招式式，体现出唯美的境界。

随后的几年中我看到了这部历史性专著出版的过程，从中了解了学术著作的编写方法，看到了自己的长处、欠缺和应努力的方向，使我重拾信心。至此，理想向现实迈进了一大步。

回想起来，在王先生倡导的"三结合"中，"实物观察"是基础、是培养眼力。要出书，眼力拙，入选的家具错了，满盘皆输。"文革"退还家具风潮过后，到了80年代，中国社会急剧变革的时期，沉睡在广袤大地的数不清的各时代古旧家具被以"拉网"式的方式一批批"挖"了出来。其中很多先是运到了北京郊区的几个集散地，短暂停留后又销往世界各地，在很长的时间内，几乎每天都有无可计数的家具运来，为研究者提供了不可再得的机会。看得多了，加之悉心揣摩、对比、分析、归类，就自然对中国各地古典家具有

了清晰的认识，到后来，从开来的车上装的家具的主体造型就能判断出是来自何地、属于什么流派、这类家具会有哪些特殊的结构和特别的工艺特征。结合家具修复的实践，要炼成"火眼金睛"：每见到一件家具，就能判断出其是否在历史上经过拆、改、修、配，若有拆、改、修，怎样改的，怎样修的。若是一件"原来头"（从制造至今未经任何改动）家具，从其整体风貌可以"体味"到当年设计和制作者的艺术感悟力、工艺水准、职业道德以及性格人品。应该说这是古代家具鉴赏的最高阶段。这一过程是无止境的，随着感觉得越来越准了，眼力也就越高了。

"工艺技法"对于喜爱动手制作的我来说是乐趣，掌握了硬木制作技艺，还研究性地制作了成套木工工具，在修复古旧家具的基础上，也自己试着制作新式样的家具，看着一件件制成的家具绝对是一种享受。我原本是学机械工程的，所以无论多复杂的榫卯，

室外家具拍摄现场：摄于20世纪80年代某夏日，某居民楼楼顶。先用钢管搭"影棚"，罩白布、搭背景纸，使棚内光线柔和，家具放背景纸上，后搭一块红绒，使光线稍暖，用"林哈夫"技术相机。

记得那天酷暑奇热，搭完棚，将家具器材抬到楼顶已大汗淋漓，可惜底片冲洗出来发现椅面"罩"有一片"白雾"，乃白布反射所至，应该做一些技术上的处理。摄影师邱刚毅说他当时已被晒得快休克了，改日又重拍了一次。

脑子里都能展现出其中的空间几何关系，并能将之绘成图纸。中国传统家具的核心是其结构体系，这一体系看上去十分繁复，深不可测，而一旦深入进去不仅不烦，反以为乐，经过几年的琢磨，制作了一套各种榫卯的木模型，并编写完成了《明式家具结构艺术》的论文。

最后一项"文献调研"是很枯燥的工作，且这一领域当时是完全的空白。清史专家杨乃济先生告诉了我调研的主要方向，以及在通阅清代有关档案时应着力之处，即使如此，工程是极其浩大的。尤其作为一个原本生性好动又是学工程出身的年轻人，要沉心稳坐，长年坚持枯燥的文献调研、归纳整理，逐渐改变天生的性格，回想起来的确是一段痛苦的过程。这之中，王世襄先生的榜样作用和无形的督促是很重要的因素。黄苗子先生曾在为《明式家具研究》所作的序中写道："1958年初畅安（王世襄）让我搬进他家院子的东屋，结孟氏之芳邻确是一快，论历代书画著述和参考书，他比我多；论书画著述的钻研，他比我深；论刻苦用功，他也在我之上，那时我一般早上五点就起来读书写字，但四点多钟，畅安书房的台灯就透出亮光来了。"文物研究、古玩收藏，天分和悟性是需要的，但全凭"抖机灵"，不下苦功夫，可以玩得很好，但不可以成事。在与王先生相识之前，我也是一个十分好胜、好为人师并自觉天下第一的小伙子，与王先生相处的三十余年，则是日益自知不足的过程，知不足，方能不张扬，虚心亦更加踏实、努力。

为了高质量的出版，家具要借助专业的摄影师和器材来拍摄，在当年，这项工作绝

对属于高技术，由于没有电脑修图，照片要拍摄得尽可能完美无缺。为此，家具要送到摄影棚拍，不能拉走的，在室外拍摄还需搭棚放置背景纸，不仅费时费力，也需要相当的资金，而我只是一名在石油研究院工作的技术员，每月的收入只够购买十几张彩色反转片，在没有任何机构和组织给予帮助和支持的情况下，只能靠节衣缩食，在信念的支持下，以断什么不能断拍家具、省什么不能省反转片的精神，"日积月累"十余年，最终较高质量地完成了两百余件家具的几百张反转片的拍摄。

相对苦而言，如何获得有代表性的家具的拍摄和出版许可，算得上最"难"的事情了。首先，要在三百多页有限的版面内放置能全面代表时代、地域、品种、风格的两百多件家具，每件入选者需有代表性和独特性，不仅要无伪，还要保存基本完好且未有较大的修、改，虽经眼看过了成千上万件家具，但符合收录标准的少之又少。而被选中的一些私人收藏的家具，因各种原因，其所有者不愿将之出版，要反复做工作，有些是以帮其修复为条件而获许的。尤其有些特殊的或重器家具，多为国家级的博物馆、机构所藏，有的管理人员为我的精神感动，网开一面，甚至给予支持，而有些人对于个人利用业余时间自费出书的动机难以理解，我常被另眼相看，总是碰壁，为了获得一些家具的拍照许可，想尽了办法，赔尽了小心，说尽了好话，最终还是一场空。相对于"苦"可以克服，是"苦中有乐"，这"难"则难以逾越，令人"难受"。其实，在那个年代，热爱古典家具的人士一定是出于真诚的热爱且没有功利目的的，

因为当年谁也未料到，二十余年后家具会变得如此值钱。就那些本应该收录在书中而最终未能如愿、留下了遗憾的家具而言，"难"成了终身难受。

幸运的是我得到了海内外收藏家和一些海外博物馆的鼎力襄助，众多的老前辈更是从精神到行动给了我全力的支持和帮助，如黄胄先生，那时他已患病在身，为了拍摄他收藏的那对康熙紫檀大多宝格，我们去了两批摄影师，在他亲自协助下，那么大件的器物，从屋内搬到外面，拍完室外又照室内，前后两天时间，感动了所有的人。

历经十余载，《清代家具》脱稿，书稿辗转在海内外的几家出版社后又回到手中，都说书不错，但对发行能否成功无把握。一晃又五年，到了1994年夏天，已近乎失望时，香港三联书店新任总经理赵斌来京参加国际图书展。他仅用一天看过书稿，当即拍板："我们会尽力高质量出版。"十五年前的那场景，至今历历在目。

《清代家具》终于1995年出版，并得到了社会尤其是学术界的肯定和承认。出版十多年来，中国发生了更大的变化，文化和艺术越发受到重视，明清家具已跻身于主流艺术品的行列，爱好者、研究者遍及海内外。《清代家具》的出版对推动这股热潮、宣传其历史和艺术价值起到了积极的作用，不仅几次再版，还被译成英文出版，很长一段时间，此书在北京图书大厦一直以专柜陈列，真是始料未及。

在《清代家具》完稿二十年后，我对照当初确立的编写宗旨："客观、真实、准确"，又认真阅读了全书，现在看来，以当时之个

人能力，当年已经做到了最好，尤其文字篇论述的内容和观点至今看来，仍无懈可击；收录的两百件家具，十多年未见有真伪的争议，经受了时间的考验；唯缺憾收录的实物不够丰富，每每回想起那些本应收录在书中、但因各种原因而未果的家具，总不禁一阵阵隐痛，这也是此书出版时我就感到的无奈。多年来，我一直在收集实物资料，此次修订新增了过百件实例，不仅最终了却了多年的遗憾，更是对社会和历史的一个交代。

回想自与家具结缘，痴迷度是只增不减。我也涉足漆器、竹刻、文房用器及杂项文玩的研究，但唯有木器家具能激起内心最深处的共鸣，或许这就是能支撑我完成此书的根本原因。

对于清代家具，以往人们有负面的评价，主要是由于清代晚期制作了大量受殖民地文化影响的家具，这类家具传世至今数量很多，俗恶不堪。其实，这并不是清代家具的主流，清代早期到中期是中国木器使用最广泛、生产和制作工艺到达历史顶峰的时期。这一时期的清代民间家具，属于个性张扬、"无法无天"的艺术，有很多令人称奇叫绝的精品，在中国工艺美术史中应有一定的地位。而在康乾盛世背景下，由皇家组织，曾云集了国内外一批优秀的艺术家和身怀绝技的工匠高手，他们在紫禁城内制作出了一批精美绝伦的宫廷家具，这是一项历经一百多年、集国力而为的工程，前无古人，后难超越。尤其是艺术家们能够在限定的皇权风格下齐心协力，最终创造出风格独特且自成完整体系的家具，难度之大、成就之高，随着我自己也设计和打造家具，体会越来越深刻。惜圆明园被毁，园中的几千件家具散的散、毁的毁，后人无法再一睹其全貌。然多年来，散落在世界各地的这些幸存器物，不论是整件家具，还是一个残件、一扇雕片，浮现在人们的视野中，都无不令人眼前一亮。我也尽量将所见之美器收录在书中，以展示其过去曾有的辉煌。相信本书修订出版后能更全面地让世人对清代家具有所感受，获得一个客观的认识。

这么多年来，凡去故宫办事，若有机会，我总会到紫禁城内西北的原造办处木工房旧址转一转。原有的几排木工平房在民国时期因失修倒塌，现已荡然无存，但在空场内，凝神默坐，脑海中仍能感受到当时中西艺术家们殚精竭虑、锲而不舍、追求完美的精神，希望我多年的努力和这本专著能够表达出一位相隔两个朝代的后世同行对他们的钦佩和崇敬。

2009 年 1 月 15 日

《清代宫廷家具》（原稿）①

田家青

此为 1992 年应香港《东方陶瓷协会》的邀请，在中文大学举办的"叶义先生纪念研讨会"上宣讲论文的原稿，那次同时受邀做专题宣讲的中国学者还有朱家溍先生和王世襄先生。

20 世纪 80 年代前期，我认识了华裔收藏家叶义先生。遗憾的是，我只是在叶先生来北京时和他匆匆见过一面，不久他便不幸病故了。他是我接触的第一位真正意义上的收藏家：天分高，眼力好，为人正直诚恳，珍藏的近百件珍贵的古代犀角艺术品，后来都捐给了故宫博物院；他出版了竹刻专著，对中国的文博事业和文物收藏做出了卓越贡献。我见到了叶义先生的儒雅、含蓄和谦和，他懂得生活，极有品位，他的人生态度对我有着深刻的影响。

叶义先生去世后，海外举办过多次他的纪念和研讨会。1992 年，我有幸作为主讲专家参加了这年叶义先生的纪念活动，且邀请单位是东方陶瓷协会，使人感到特别荣幸，论文准备得倍加认真，直接是用英文写的，我自己打字，并认真做好了版式，会议结束后，我保留下了这份原稿。

我记得那次研讨会上，主席致辞中的最后两句是："他不仅是一位收藏家，更是一位真正的绅士，除了博收中国文物珍品之外，还藏有两辆早年经典的劳斯莱斯轿车和一窖上好的法国红葡萄酒"。

此篇讲演稿没有翻译成中文，会议结束后，东方陶瓷协会将会议全部讲演稿件编成了一个小册子，但未出版发行。

几年以后，我对清代宫廷家具有了更多的认知，又用中文编写了一篇内容更为翔实的学术性论文《清代宫廷家具概说》，并于 2003 年发表在《明清家具鉴赏与研究》（文物出版社，2003 年北京）一书中。

---

① 1994年赴香港参加东方陶瓷协会家具研讨会的讲演稿

Oriental Ceramic Society

STUDIES ON THE COURT FURNIURE OF THE QING DYNASTY

March 15,1994   Beijing

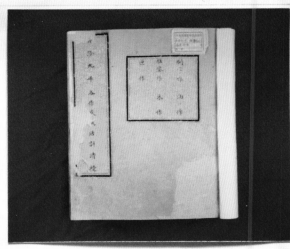

(Fig1.)"Yangxin Hall Finished Works Achives" the Archives of the engraving,paint, carving, woodwork, and case-making workshops, the Palace Workshop,internal Ministry,the 9th year, Qianlong reign

By the court furniture of the Qing Dynasty we mean the furniture that was used to furnish Yuan Ming Yuan, the Forbidden City, and the Summer Resort at Chengde. They fall into three categories according to its sources: firstly, that designed and made under direct supervision by the royal family members, most probably, the Emperor himself; secondly,that designed by the royal family and made by "official" workshops(官造)all over the country; and thirdly that presented to the court as tributes. It must be noted that the furniture belonging to the first category takes up the dominant position and best embodies the characteristics of the Qing court furniture because it was designed and made under direct supervision by the royal family members. Fortunately, the fabrication of the furniture was carefully recorded in the "Yangxin Hall Finished Works Archives"([养心殿造办处各作成作活计清档]), which has tens of thousands of pages and most of them are well preserved in the Chinese First Historic Archives, situated to the west of the Beijing Palace Museum(1).Besides,there is also very detailed accounts about the manufacture and use of the furniture in such archives as "Furnishings" ([陈设档]),"Tributes"([供档])and "Purchase Receipts" ([买办库票]).This article, based on historic materials and near 1,000 pieces of Qing court furniture,which has been investigated by author, intends to make studies on the manufacturing activities of the court furniture during the Qing Dynasty.

I. THE MANUFACTURING ACTIVITIES OF THE IMPERIAL FAMILY

It was during the rein of Kangxi(1662– 1722 AD) that manufacturing of furniture on a considerable scale,under the direction of the "Yangxin Hall Palace Workshop"(养心殿造办处). The Workshop, under the Internal Affairs Ministry,was especially engaged in manufacturing various kinds of furniture and handicrafts works for enjoyment. The Workshop includes about twenty workshops such as paint and wood workshops, enamel workshop, and gold and jade workshop. (2) The Workshop was operating till the late period of the Qing Dynasty and produced numerous precious works of art,which top the artistic standard of the Qing Dynasty.

Workmen in the Workshop were selected from all over the coutry. Because Guangdong and the lower reaches of the Yangtsi River were places where handicraft industry was highly developed, masters in woodwork came mostly from these areas. They were first recommended by the Director of the Guangdong Yuehai Customs(广东粤海关蓝督) and Jiangsu Weaving Bureau(江苏织造), and then went through the probation period and finally employed by the Workshop. It was considered to be highly privileged to be selected to work in the court as such. They enjoyed privileges other goverment employees could not dream of. Before

1

(Fig.2) Archives of "Furnishings", in places like Laiyuanzhai, Shichangting and Hanqingtang and so on, 3rd year, the Jiaqing reign

they came to Beijing, they were given a sum of money by local goverment (about 60-100 taels of silver during the middle reign of Qianlong)(3) and the royal court also gave them a sum of money(about 60 taels of silver, the same period) for settling-in allowance(4). The Workshop would see to it that they were settled in either official residences of private residences. They could also bring in their families if they wished. They also received handsome salaries, which fell into three ranks: 6,8, and 10 taels of silver per month(5). That, according to the standard of official salaries of that time, was higher than that of a county magistrate(6). In addition, it was also recorded that they could receive bonuses if the work was satisfactorily done. They were also provided with lunch, if they work in the Forbidden City, or, both lunch and supper if they worked in Yuan Ming Yuan(7). What was more, they were given leave to go home and sweep the tombs of their ancesters and their salaries were given all the same when they were on leave(8). That was rather rare in other trades during the Qing Dynasty. Emperor Qianlong(1736-1795 AD) boasted by saying on different occasions that "materials for the imperial projects are all given enough money to be worth their value and workmen are all paid according to their work". In other words, he never profited at the expense of these workmen, which was true, indeed.

It was because of the excellent conditions, the workmen could devote themselves whole heartedly to producing large quantities of art works of unique quality. According to the archives,the woodwork masters not only made furniture, but also made all wooden daily utensils and articles from wood bases for precious jade works,gold and silver works and curios to things like report cases(奏折报匣)and small cases containing Chinese medicine pills. One can hardly tear oneself away from these exquisitely designed and made objects. Most interestingly,these masters often were required to make carving or wooden models for such handicraft articles made of precious materials as blue jade, white jade plates and bowls, buddha heads, carved enamel goblets, blue flower patterned urns, imitations of bronze vessels and even grotesque things like rockeries (9). For example, the huge jade carving "Da Yu Fighting Floods" kept in the Palace Museum had a wooden model of the same size, which was carved and decorated according to the design before jade carvers did their job(10). All this shows that these masters of arts had super talent, imagination and creativeness as well as unique skills.

Working for the court, the masters could, no doubt, display their skills, but they had to follow strictly the "royal standard" as far as artistic form was concerned. This standard was set, of course, by the emperor himself, determined by the awareness of royal power with

2

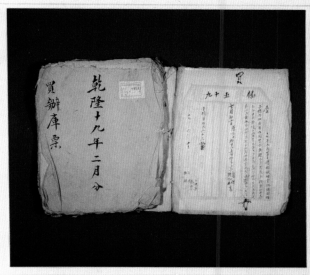

riches and honour and luxury as priority, which limited the creativeness of the masters, and the result being, very often, inflexible and narrow-minded. Sometimes they did suffer from blind direction and interference by the emperor. There were also cases in which the emperor refused to pay only because the final product was not to his taste and his intention was misinterpreted. From the records, however, one can see an interesting fact that it was often the official in charge who were punished more severely than the workmen themselves.(11) At worst, the workmen would be fired and would "Never be used by the imperial family"(永不录用).

Therefore, we can be certain that the workmen were well treated. It is sheer fabrication that these people were, described in some novels and films and TV series today, imprisoned in the Palace,badly persecuted and living in extreme misery,always in danger of being beheaded.

During the reigns of Kangxi, Yongzheng and Qianlong,the wood workshop in the Workshop had over ten workmen divided into "Guangdong shop" and "Jiangsu shop".During the early years, they worked in the same workshop, but evidence shows that they never got along.During Qianlong reign, the "Guangdong shop" separated itself from the wood workshop altogether. Naturally, that was because the Guangdong style suited better the taste of the royal family. From the handed-down court furniture, Guangdong furniture makes

up the majority. From the archives, Guangdong capenters received more orders and their works were better appreciated. I read once from and was impressed very much by an entry in the archives which said that in the 30th year of the Qianlong reign, a carpenter named "Xiao Guangmao"(萧广茂) from Guangdong Province, enjoyed the same good pay and conditions as those Jiangsu carpenters who had served many years in the court.

As for the location of wood workshop in the Forbiden City, we can safe-one is located north of Wuying Hall(武英殿), south of Cining Hall(慈宁宫) and west of Longzong Gate(隆宗门), where there used to exist a row of one- storey buildings — the wood workshop, which dilapidated during the years of the Republic and of which no traces can be seen now. The other is located around Jihexiang(荠荷香) and Zibishanfang(紫壁山房) in Yuan Ming Yuan. It is true that a lot of work was done in Yuan Ming Yuan, but many finished products were actually made in the Forbiden City, for the latter had a larger workshop.(13)

Not only the Workshop had a number of master carpenters,it also enjoyed financial, materia-listic and administrative advantages other places or private families could not have. Besides, the various "branch-workshops" in the Workshop provided conditions for making furniture combined with handicrafts. The royal workshops played an important role in creating the peculiar style pertaining to the royal family. With the spreading of the court furniture into

3

(Fig.5)The door of a wardrobe, whose frame was made of very wide zitan timber and because it is too wide, it was made to look like a double frame, costing lots of extra labour and material. (the middle Qing period)

From the Qing furnishing archives we learn that by the later years of the Qianlong reign, furnishing in the Forbidden City and Yuan Ming Yuan had been completed with about 3,000 pieces of furniture made by the royal workshops. From then on the main task of the workshops turned into repair and maintainance. Making furniture had come to an end by the reign of Daoguang (1821-1850 AD).It was only when Emperor Guangxu 1875-1908 AD)got married and the Summer Palace was being built in large scale that some furniture was prepared. Most of the furniture then, however, was bought from the market, amounting to several hundred pieces altogether (22). Shoody work and inferior material could be seen on these pieces of furniture. Its structure had degenerated and its form had reduced to sheer ugliness, which represented the product of typical semi-feudal and semi-colonial culture."Vulgar, obsequious, base and ugly" are the proper words for those pieces of furniture. Most of them were placed in the Summer Palace while a small quantity were placed in the Forbidden City. They were for royal family use but they looked so different from those made by the royal workshops that one could tell them apart easily. This article will not discuss that kind of furniture for it is not worth the trouble.

II. CHARACTERISTICS OF QING COURT FURNITURE

As a spiritual product and symbol of royal power, Qing court furniture possesses some peculiar and interesting characteristics.

I. Imposing manner

On the whole, Qing court furniture has enormous size and imposing manner. This is, however, achieved at the expense of practicality, comfort and artistry.Big screens,thrones,incense buner tables, altars, and wardrobes are some of the typical furniture. They are not only displayed to match the magnificent palaces they furnish. The one of important reason is that because the Manchurians are national minority, and when they became rulers of China, they were eager to establish the orthodoxy of their rule, which was their biggest concern.This is reflected in all art works of the Qing Dynasty,and its furniture is no exception. (Fig 5)

2. Careful selection of materials

The majority of Qing court furniture was made of zitan, not only because of its fine quality, solemn colour, and noble makings but also because it was rare. Inspite of the fact that zitan was rare and priceless, the core part and bark and scarred zitan were not to be used. Complete timber was used to make small parts, instead of piecing left- ver bits together. Even a curved leg of a table would be made out of a whole piece of timber. Besides, most of the furniture was "complete works", i.e. the whole of the furniture was all made of zitan. Parts like drawer sides, back board,and inner supporter were all made of carefully selected materials, leaving nothing to be

6

(Fig.6) Zitan base with a length of only 20 cm, exquisitely made, its waist was inlaid with boxwood, which was, in turn, inlaid with zitan in ⌣ form. Now, woodorkers puzzle at it. (middle Qing)

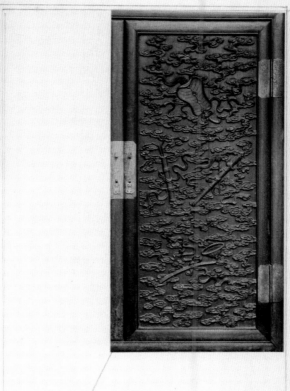

neglected. Sometimes, this tendency went so far that some of the finished products looked clumsy and ugly, due to loss of correct proportion, which had to be remedied with decoration.

3. Exquisite craftsmanship

Exquisite craftsmanship and super skill are both embodied in the Qing court art works, including the furniture. This is reflected in the technical ability and quality of making it.

As far as technical ability is concerned, all the carpenters, painters, carvers, and cane workers had their own unique skills which enabled them to complete any work with any imaginary structure and design. The uncanny craftsmanship of theirs is hard to imagine today.

As far as the quality of their works is concerned, the visitor is impressed very much with the strong feel of the texture, which comes from the combination of fine material and craftsmanship.

4. Pursuit of changes

Artistically, special emphasis was laid on "changes" in making Qing court furniture. This is embodied in its variety, form and decoration.

1) Changes in variety:

To enjoy life, lots of furniture and wooden utensils were made in the Qing court. They are lovely objects one can hardly tear oneself away from. Such include a wine table with a warm water-trough to warm the wine, (called warm-table); bookshelves that were to be nailed on the walls or fixed inside a frame-bed;

(Fig.7) bas-relief (起地浮雕) on the door of a four-piece zitan wardrobe. Bas-relief on Qing court furniture is most renowned. it is a perfect combination of carving and grinding. According to the Archives, grinders were divided into ordinary grinders who did coarse grinding and master grinders who did fine grinding. They were most respcted masters with their two hands and their only tool for grinding: cuocao(锉草, a kind of Chinese medicinal herb. Their finished products, though procision like being done by machines, are natural and humane. The job looks easy but their craftsmanship has never been reached again ever since. (middle Qing)

7

(Fig.8) ingenious and practical medicine case (middle Qing period)

(Fig.9) ingenious and practical display cabinets with a clock, a finished product of woodwork, paint work, metal work and watch-making (middle Qing)

(Fig.10) treasure store case in the form of a ship. Decorative and useful with all the doors and windows made by jade-carving that can open to store jade,gold and other small curios.(Middle Qing)

collapsible chess-boards and stationery cases; fish-bowl table; fishbowl table in a kangtable form;pots of miniature-landscape with fountains and cases, bases and supporters. In case of ordinary furniture,attention was also paid to diversities of the form, always with new ideas. The big folding painting-table,made in the reign of Yongzheng and kept in the Summer resort at Chengde, is a piece of furniture with multi-function and is typical of this type of furniture.

2) Besides wood, bamboo, cane, tree roots, stone, porcelain,lacquerware and enamel were also used to make furniture(Fig.11-14) in the Qing Dynasty. From Qing court paintings,one can see lots of examples of this,which shows that this type of furniture was very popular at the time.

Furniture made of combination use of different materials was also very popular. There are cane stools with a stone top; high tables with a lacquer top; tables and stools

8

(Fig.15) Gold-lacquered small cabinat, imitating metal work (middle Qing)

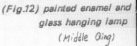

(Fig.12) painted enamel and glass hanging lamp (Middle Qing)

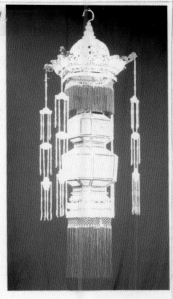

(Fig.11) porcelain hat-stand   (Middle Qing)

(Fig.14) cane stool, in a Qing court painting

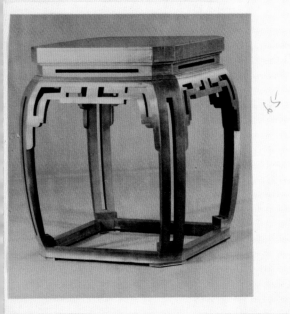

(Fig.16) stool,veneer pine wood with bamboo (middle Qing)

(Fig.13) cloisonne arm-chair with Chinese flowering crabapple seat.Drawing from real piece in Forbiden City

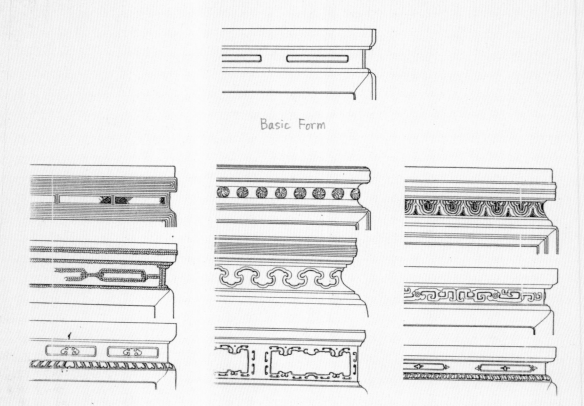

Basic Form

Fig.17. Some line-patterns on the Waist of Qing Court furniture.

with bamboo surface; kangtables with porcelain top and stationery utensils made of wood and enamel, etc..

In order to seek variety in forms, the workmen racked their brains to create such form as "imitating" furniture, among which the most common are "wood-imitating-bamboo", "wood-imitating-treeroot" and "porcelain-imitating-bambbo, etc..

3) Diversified decorations

Making full use of all possible artistic forms and materials, decorating all the possible places in a piece of furniture and constantly changing the patterns of decoration so as to keep its "novelty" is characterised the decoration of Qing court furniture. Fig.17 is some drawings of the line-patterns on the waist of certain pieces of Qing court zitan furniture to illustrate the workmen's artistic methods to diversify the patterns of decoration.

To sum up, Qing court furniture is in the realistic art form. It shows efforts in variety, form and decoration. It seeks diversity and novelty, which is the key of its success.

Diversity and novelty promote each other, for novelty is temporary and in order to keep novel, diversity is needed, which forms a natural cycle. This cycle was positive during the period in which the Qing court furniture style was in formation. It played a very decisive role in forming the beautiful and diversified styles of Qing furniture, which, to its own right, has an important position in the history of Chinese furniture making. This cycle, however, ought not to have continued endlessly, or it will lead to redundancy and triviality because it did. Unfortunately Qing court furniture followed this cycle until its end. The result was disasterous. It was reflected in the furniture of the later years of the Qianlong reign. In spite of its fine materials and craftsmanship, it was redundant, excessive, pretentious and vulgar. People do not like it because it does disgrace to ruin the reputation of Qing court furniture. Relatively speaking, the furniture made during the early years the Qing Dynasty was rather successful. This is the disappointing feature of Qing court furniture.

10

III. CONCLUSION

Why did the Qing court pay so much attention to the making and development of court furniture. The following points are meant to be for reference.

1. The political factor. The author believes that since its first appearance in society, furniture has played both social and practical function. The social function of furniture takes up a different proportion in different society.

The Qing Dynasty was rigidly stratified with overelaborate formalities. Furniture, as the most direct object in the room served as an ideal symbol to show different social position, personal status and authority. Its very silence tells. The Qing Palace used to be the Ming Palace, where there was lots of furniture with a rather high artistic taste and scholarly qualities. These, however, were not to the bold and unconstrained taste of the new rulers, herdspeople from the grasslands. Neither were they compatible with the Qing politics. Consequently, during the early years, los of Ming furniture was remade. The result was still not satisfactory. So the Qing rulers decided to start their own furniture making, thus producing the Qing court furniture, with a new style, entirely different from the Ming furniture.

Taking the Qing furniture as a whole we can find that it is not of much practical use, uncomfortable and inconvenient to maintain. But its imposing manner does impress the visitor deeply. Obviously, its design served the political needs. This is also the reason why furniture making was paid so much attention to and the motive force to promote its development.

2. The social factor. The Qing Dynasty was a period which saw a lot of attention was directed to life enjoyment and pursuit of form beauty. It was a fashion to appreciate art works and handicrafts. Generally speaking, it was lacking in highly taste but rather popular, which gave rise to an unprecedented flourish and development. As an important item of handicrafts, furniture, either among ordinary people or in the court, was also provided with good conditions for development. In different places and between ordinary households and the court, there existed exchange and strife for the better.

3. The time factor. The period when the Qing furniture had become mature coinceded with an extremely favourable historic era. As far as manufacturing technology is concerned, China's arts and crafts had passed thousands of years and become perfect, which provided the Qing court furniture making with a high starting point. In view of social environment, in this period, the country was under firm control wih abundant economic power as a result of over a hundred years of political stability. And Emperor Qianlong was one who was fond of and good at art and who could afford enough energy and time to involve himself in enjoyment of art

and handicrafts works. In furniture making, the Emperor was the general director, the general architect in design, the overseer in production and the examiner when the finished work was to be examined. As head of state, the Emperor could devote himself to furniture making as such, and there was no wonder why his reign saw such rapid development of court furniture making. To put it in a nutshell, the Qing court furniture was born in such favourable conditions.

Besides, the success of Qing court furniture had a great deal to do with the leadership art and skilful management of Emperor Qianlong. He was wise enough to make artful use of two management principles in order to materialise his ideas and wishes. One of them was to fully mobilise all positive factors, let both foreign and Chinese artists in and outside the court fully display their talents. The result was a style that combined western and Chinese aesthetic standards which could be accepted by the Emperor himself. The other was a management measure in which rewards played a dominant role to mobilise the initiative of the workmen while economic punishment served as a guarantee to the quality. No doubt, it was a wise measure, under imperious and despotic feudal system, not to persecute those workmen who made occasial mistakes. So Emperor Qianlong made great contributions to the making of Qing court furniture.

Lastly, I would like to say a few words on appreciation of Qing royal furniture. So far, critics have held a negative view on the Qing royal arts, because they are considered to be too artificial, too formalistic while lacking in meaning. It is totally an artistic failure, they argue. But we cannot look at the matter without considering its time background. Qing court furniture was the special product of its historic time, totally different from Han culture which lays much emphasis on scholarly artistic style. If one can free oneself from the conventional pattern to evaluate artistic works and look at Qing court furniture in a different perspective, one may be able to realise its artistic achievements.

NOTES

1. "Archives of Finished Works of the Workshops of the Imperial Workshop, Yangxin Palace": records in the archaives were first done in Manchurian language early in the Kangxi reign, but during the later years they were done in Han language. In them are recorded all the names of the furniture, workmen, their native places, time of completion, production procedure, product special features, management activities, etc. They provide first-hand material for the studies of Qing court arts.

2. The Imperial Workshop, Yangxin Hall": According to "Da Qing Huidian", (［大清会典例］) Vol. 1173, the Imperial Workshop has no fixed number of officials in charge, 4 supervisors,

12

...ne registrar; Vol. 1174 carries the following:
...he workshops include a cast iron stove workshop,
... ruyi-making workshop, a glassware workshop, a
...lock workshop, an enamel workshop, a helmet
...workshop; under the gold and jade workshop
...here are a gold-plating shop, a champleve
...lower shop, an ink-slab shop, a marquetry
...hop, an ivory shop; under the paint and wood
...workshop there are a carving shop, a painting
...hop, a seal-engraving shop, a shoe-tree shop,
...tc....

3. "Da Qi Huidian", the Archives, the
...mperial Workshop, Yangxin Hall. 4. Qianlong
...mperial Workshop, Yangxin Hall Imperial
...Workshop

5. Yangxin Hall Imperial Workshop, 20th, 30th,
...ears, Qianlong reign

6. Da Qing Hui Dian

7.8. Yangxin Hall Imperial Workshop, the
...Archives, 5th&8th years Qianlong reign

9. Yangxin Hall Imperial Workshop, the
...Archives

10. Da Yu Fighting Floods Yushanzi(大禹治水
...玉山子) was carved from an enormous piece of
...Mietashan jade. It was first designed and
...drawn by court painters four drawings were
...done from different angles. The drawings were
...completed in 1781, and presented to Emperor
...Qianlong for approval. After the Emperor's
...approval, a wooden model was done, following
...which master jade-carvers from Suzhou and
...Yangzhou took over the job. It took eight
...years to complete the whole thing.

11. Archives, Yangxin Hall Imperial Workshop,
...8th year, Qianlong reign

12. Archives, Yangxin Hall Imperial Workshop,
...30th year, Qianlong reign: Xiao Guangmao, a
...Guangdong carpenter, a new comer, is to receive
...he same pay(3 taels of silver per month) with
...Wu Jujiang, 7.5 taels of silver for clothing
...per season, 60 taels of silver for settling

13. The Archives carries a lot of entries
...ecording the finished woodworks, which were
...made in the Forbidden City and then were sent
...o Yuan Ming Yuan. e.g. there were 4 entries in
...he eighth month, the first year, Qianlong
...reign: on the 9th day, a zitan throne, on the
...7th day, a tall zitan table inlaid with
...ivory and jade, a low zitan table inlaid with
...ivory and jade, all sent to Yuan Ming Yuan,
...y the decree of the Emperor.

14. Liu Yuan: other name Liu Banruan.
Served in the court during 1662-1722,
responsible for the Imperial Workshop, a well-
known and influential artist, too.

15. Tang Ying(1682- 1756AD) : Served at
Yangxin Hall when he was only ten, worked
ther for 20 years. He had a hand in the
designing of many of the porcelain works.

16. Yunxiang: 13th son of Emperor Kangxi,
first loyal lord in the Yongzheng reign,
served as prime minister, and also responsible
for the Imperial Workshop. He was a highly
educated, with very good artistic taste and
contributed a lot to the making of Qing court
furniture.

17. Haiwang: by the name of Wule, promoted
to executive of the Internal Ministry(1723),
promoted again, to minister of the Imperial
Workshop (1724AD). From then on till the 20th
year of the Qianlong reign was the period in
which the style of Qing court furniture was
in formation.

18. According to the Archives, many of the
western artists who served in the Qing court
participated in the designing and making of the
furniture. A German professor, specialised in
the Ming furniture wrote an essay entitled
"Some of the Undiscovered Plans of Furniture
and Interior Design"by Guiseppe Castiglione, o
which is kept in Paris' National Library. o

19. See Zeli(rules and regulations)

20. For details, see the first month, the
30th year, Qianlong reign, the Archives.

21. Such incidents can be found in the
Archives: on the 4th day, the first month,
the 30th year, Qianlong reign, Eunuch Hu
Shijie passed on the Emperor's decree that a
pair of peacock feather fan with gold-paint
handles be evaluated and sold at Chongwenmen.

22. According to Fengchenyuan Archives of
the Internal Ministry, in the 13th year,
Guangxu reign, officials were sent to Tianjin,
Shanghai, Guangzhou, Hong Kong and Southeast
Asian countries to purchase such furniture as
tables and chairs, etc. suites of hardwood
furniture.

Photographs: No, 1、2、3、4、5、6、7、9、10、11、13、16 taken
by Mr. Geng Geng specially for this paper.
No. 8、12、15 bought from Palace Museum,
Beijing. No. 12、15 unpublished.

13

《明式家具研究》再版的意义

田家青

王世襄先生编著的《明式家具研究》1989年由香港三联书店出版，迄今已逾15年，北京三联书店即将修订再版。作为王世襄先生的学生，我有幸看到了付印前的清样。再版本不仅在内容上有所增补，且将文字与图版合成一册，大大方便了读者，使这部被称为"大俗大雅"的皇皇巨作，以更加完善的面貌呈现于世。

《明式家具研究》是中国古典家具学术研究领域举世公认的一部里程碑式的奠基之作。它的三项主要贡献是：创建了明式家具研究体系，系统客观地展示了明式家具的成就，从人文、历史、艺术、工艺、结构、鉴赏等角度完成了对明式家具的基础研究。

在一般人的心目中，王世襄先生是一位"大玩儿"家，而且玩儿出了大名堂和大学问。说到"玩儿"，难免有人把它与随心所欲、轻松愉快联系起来，以为王先生的一切成就都是轻而易举玩儿出来的。毋庸置疑，对艺术品的收藏与鉴赏，王先生的确是乐此不疲地玩儿了一辈子，凭着"天分"和"眼力"玩儿到了最高境界；而在治学与研究方面，王先生可是"一丝不苟""严谨至极"，凭着"傻劲儿"和"狠劲儿"（"傻劲儿"和"狠劲儿"是杨乃济先生数年前送给王世襄先生的

2004年，三联书店发行王世襄先生的《明式家具研究》中文简体版，王先生为此让我写一篇说明此书再版意义的文章。我觉得以我的身份并不合适写如此重要的文章，应由一位与王先生岁数和成就相近的重要学者来写会比较合适，当时在世的还有朱家溍、启功、黄苗子，他们又是他的好朋友。但王先生坚持让我来写。此文写完之后，我告诉三联书店此书的责任编辑张琳女士，出版时署名三联书店，不要写我的名字。可是后来她告诉我，王先生坚持署上我的名字。此书出版后我才看到，在此文前边还有王先生一篇《求知有途径，无奈老难行》的文章，大意是年老力不从心，提到了"长江后浪推前浪"，至此我才明白了他良苦的用心。

评语），将其学术成就"玩"到了出类拔萃的高度，王先生的"玩儿"艺术、"玩儿"学术，不仅在国内玩成了"中国文化名人"（2003年与巴金等人同时当选年度杰出文化人），而且玩到获得了荷兰克劳斯亲王基金会的最高荣誉奖，前此还没有中国人获此殊荣。然而，在世人仰慕辉煌成就的背后，多少人能够体会到王先生毕生付出了超乎常人想象的艰辛和努力呢。

王先生曾多次提到："研究古代艺术品，若想有所成就，需要实物考察、工艺技法和文献印证三方面相结合，缺一不可。"细想起来，三者要想兼备于一身，谈何容易。我们知道，文博领域有三类不同人士分别担任着不同职务：第一类，博物馆、大学和研究机构中的研究人员，他们娴熟于历史文献，善于总结，在理论研究中做出重要贡献。第二类，文物市场、艺术品拍卖机构的从业人员，他们的优势在于器物鉴赏，皆因身处于一个错了赔不起的行当中，金钱的力量造就了一双双火眼金睛，对于器物的辨伪与市场价格总能有接近准确的判断。第三类，从事艺术品制作与修复的技师工匠，动手用心的实践使他们积累了丰富的经验，甚至具有独特的理解，但往往心里明白，说不出来。屈指数来，能够既是学术领域备受推崇的学者、行业里公认的专家，又被工匠称为"行家"，王先生是当之无愧的。仅以创建明式家具名词术语体系为例：中国古代家具的设计与制作，自古都是由匠人们世代口传身授，沿袭至今，流传下来的术语支离破碎，没有完整统一的语言描述体系。王先生在研究清代《匠作则例》、校译《鲁班经匠家镜》和广泛收集整理工匠口头术语的基础上，结合大量传世家具的观察与研究，划时代地建立了一套完整的明式家具专业术语体系（包括对家具造型、用料的命名、构件的命名、榫卯结构的命名以及制作工艺和图案的术语等共计一千余条），汇编成《名词术语简释》，以浅显的语言逐条解释，通俗易懂。在这一千多条术语中，有不少是王先生创定的名称。自《明式家具研究》出版之后，因为这些名词术语定义明确合理、易于上口、便于记忆，又有夫人袁荃猷精制的数百幅线图相印证，很快被不同业界认同，在海内外专业领域和出版物中普遍沿用，从此明式家具有了统一的语言和文字叙述标准。这项功德无量之举，显然不是只凭学者、专业人士或工匠任一单方面可以完成的。

王先生早年从事中国古代绘画研究，特定的时代和家庭背景，使他享有得天独厚的机会接触代表中国绘画史上最高成就的宋元古画。他同时涉猎的还有漆器、雕塑、竹刻等格调高雅的文人艺术品。其见识、修养、品味及感悟力显然是常人难以企及的。20世纪40年代初期王先生就完成了专著《中国画论研究》。其时，当明式家具进入他的视野，王先生敏锐的艺术感悟力与明式家具所具有的人文和艺术魅力产生了共鸣，从此涉足这块艺术圣地而一发不可收。就艺术而言，明式家具与绘画、雕塑、竹刻一样，都可以承载人的思想，表现深刻的内涵，给人以艺术的震撼与美的享受。但相比之下，绘画、雕塑、竹刻等艺术形式更偏于纯艺术范畴，属于鉴赏品；而明式家具不仅可观赏，还有使用功能，更贴近人，更融入生活，从这一角度着眼，家具艺术比纯艺术作品更加现实。只是世人受鉴赏力的局限，世俗观念的影响，很少有人领会明式家具之真谛，而王先生却慧眼识珠，独辟蹊径，步入了艰辛的耕耘历程。直到20世纪80年代，倾注了数十年心血的《明式家具珍赏》与《明式家具研究》相继出版。才在中国艺术史上，第一次成功地以理论与实践相结合的方式将明式家具全面系统地展示于世，令多少人为之倾倒。20年来，从中国到世界各地，涌现出了无数中国古典家具迷，引发了世界范围的明清家具收藏与研究热潮。毫无疑问，这将成为艺术史上浓重的一笔。

其实，研究明式家具的意义远远超出对于具体器物及其艺术性的鉴赏范畴，明式家具的核心哲理对当今社会的人文环境与道德观念仍不失为一种深刻的启迪。明式家具的人文气质和艺术品位对我们多年来匮乏美育的社会无疑是一种很好的教材，让人们看到的中国文化不只是雕龙画凤的宫廷气象、花花绿绿的"唐人街"装饰。明式家具注重内涵、摈弃浮华，当功能与形式无法两全时，形式要让位于功能；明式家具的制作讲究法度，推崇严谨的榫卯结构，一招一式不仅是技艺，同时也是职业道德的体现；明代工匠惜料如金，不事奢华，崇尚朴实，善待自然，想来不都是当今社会应当重拾的美德吗？仅以本书的版式为例，原版分为两册，一册为文字卷，一册为图版卷，两册放在一个套盒内，形式上整齐美观，阅读时却因对照而来回翻阅，十分不便。此次再版，采用图文合编，尽量使相关图版、线图、文字、注释等编排在一起，大大方便了读者。新版虽增加了内容，因两册合一，还减少了全书的页数，设计师注重功能、不辞辛劳的版式设计，与本书所研究的明式家具的精神相契合，正体现了当今应该提倡的务实精神。

《明式家具研究》不仅是一本研究明式家具的专著，不同的人可以从不同的层面、不同的角度去阅读和理解，从而获得不同的感悟。作为一本出版物，《明式家具研究》严谨的学术研究态度、科学的治学方法、简明洗练的文风、隽永的语言、翔实的考证考据、明确的注释出处，一招一式，包括对他人的尊重（书中的家具，凡不是王先生亲自获得的照片，都经王夫人之手制成线图，而不是直接引用他人的图像资料），无不为学人树立了榜样。如果你舍得暂时远离浮躁不安、追名逐利的尘世，静下心来，让自己徜徉于明式家具静穆的气氛之中，细细品味一下《明式家具研究》丰富的内涵，你一定会有别样的收获。而这更是此书再版的意义所在。

2005 年 12 月

清乾隆和亲王弘昼
草书文赋黄花梨罗汉床围

常罡　田家青　孙艳敏

　　古代器物，凡带有文字者，都具有重要的历史价值。家具亦不例外。惜迄今为止，海内外公私所藏带有文字的古代家具屈指可数（文后附有题款的古代家具一览表）。

　　此黄花梨罗汉床围，背围长205厘米，

宽45厘米；侧围各长110厘米，宽38厘米，其上镌刻着清乾隆时和亲王弘昼所写草书文赋共计近三百字，是已知见诸著录中镌刻文字最多的一件家具。

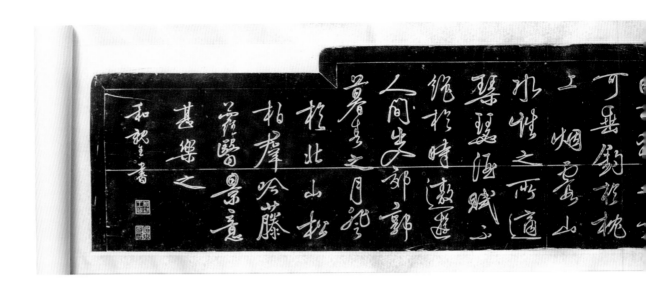

左侧围子镌刻：

苏子美尝言，明窗净几，笔砚纸墨，皆极精良，自是人生一乐，
然能得此乐者甚稀。其不为外物移其好者，又特稀。余颇知此趣，
恨字体不工，不能到古人佳处。若以为乐，则自是有余①。

---

① 出自北宋文学家欧阳修《试笔·学书为乐》，和亲王将"余晚知此趣"改为"余颇知此趣"。

背围上镌刻：

地搜胜概，物无遁形，山树为盖，岩石为屏，云从栋生，水与阶平，坐而玩之者，可濯足于床下，卧而狎之者，可垂钓于枕上[①]。烟霞山水，性之所适，琴瑟酒赋，不绝于时，遨游人间，出入郊郭。暮春之月，登于北山，松柏群吟，藤萝翳景，意甚乐之[②]。

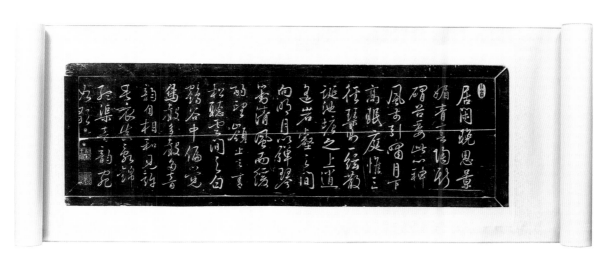

右侧围子镌刻：

居闲晚思，景媚青春，陶影涧谷，委此心神，风前引啸，月下高眠，庭惟三径，琴置一弦，散诞池塘之上，逍遥岩壑之间，向明月以弹琴，对清风而缓酌，望岭上之青松，听云间之白鹤，谷中偏觉鸟声多，声多音韵自相和，见许毛衣真乱锦，听渠音韵宛如歌[③]。

① 截取自唐代诗人白居易的《冷泉亭记》，和亲王剪篇裁段，只录一小部分。
② 截取自《悦心集》第一卷第八篇《答冯子华书》（王无功答冯子华处士书），和亲王只捡用极少一部分。
③ 摘自隋末唐初隐士朱桃椎的《茅茨赋》，和亲王跳跃摘选，自成一篇。

全文洋洋洒洒近三百字，而北京故宫博物院所藏紫檀刻诗文书桌，字数仅有此黄花梨罗汉床的二分之一，居其二。

款识"和亲王书"；钤玺"和亲王宝"，及"稽古斋""旭日居士"两闲章。雍正帝一生信佛，自称教主，门下包括皇子、大臣、和尚道士在内收有十四门徒，皇子中宝亲王弘历是长春居士，和亲王弘昼为旭日居士。

文辞择取自隋末唐初隐士朱桃椎的《茅茨赋》、唐代诗人白居易的《冷泉亭记》、北宋文学家欧阳修的《试笔·学书为乐》及唐初王绩《王无功答冯子华处士书》诸文，经巧妙剪篇裁段，个别辞藻稍加改动，遂成一篇天衣无缝的集句佳编。其父雍正帝著有《悦心集》，其中亦有收录《答冯子华书》《冷泉亭记》等诗文，和亲王或是从中择其好者而命人镌刻之。

清代史录与笔记中所载和亲王的趣闻轶事甚多。《清史稿》及《啸亭杂录》即记其少骄抗，每忤上旨，性奢侈，任性放达，不讳生死，"尝手订丧礼，坐庭际，使家人祭奠哀泣，"自己则"岸然饮啖以为乐"[1]；又精鉴藏、工书法，著有《稽古斋全集》，嗜好杂曲弋调，将《琵琶记》等元曲以弋阳腔演唱，"客皆掩耳，而王乐之不疲"[2]。因此其人虽贵为乾隆御弟，赐封亲王，骨子里却是一位诗酒放诞、底蕴素深的艺文之士。观其所选朱、白、欧、王诸家，或是隐逸高士，或是前代名贤，所集文赋，放浪山水，舒怀萧

散，悠悠然有世外之志，更以草书挥写并镌刻于日常卧坐的罗汉床床围上，颇有朝夕赏悟、以为座右铭之意。故虽隔异代，文非己出，但望其所好之文而知其人，绝可从中聆听到一代和亲王自家心声。

《山居纳凉图》　元　盛懋
121×57cm　绢本设色
美国纳尔逊—阿特金斯艺术博物馆藏

---

① 赵尔巽主编《清史稿》卷220，中华书局出版社，1928年。
② 清昭梿《啸亭杂录》卷六之《和王预凶》，中华书局出版社，1980年。

昔日京城铁狮子胡同和亲王府，今世已面目沧桑。而从"水与阶平，坐而玩之者，可濯足于床下，卧而狎之者，可垂钓于枕上"之句，似乎可以遥想此黄花梨罗汉床的主人当年或许将之陈设于背山临流的风亭水榭之

中，坐其上，静思沉吟，一如元代盛懋《山居纳凉图》所绘情景，一洗尘嚣，令人心爽而神往。

此件黄花梨罗汉床围曾经启功先生过目谛审。作为和亲王弘昼的后裔玄孙，启功先生曾于20世纪70年代购得先祖一幅临唐诗草书作品，并将其捐献辽宁博物馆："宝地邻丹掖，香台瞰碧云。河山天外出，城阙树中分。睿藻兰英秀，仙杯菊蕊薰。愿将今日乐，长奉圣明君。"款落"和亲王书"。待亲眼见到此件黄花梨罗汉床围的书法，启功先生即指出书风与和亲王书法契合，而于床围上抒怀题写，亦与和亲王恣心立异的性格一致，因此乃真品无疑。

最值得一提的是，床围书法的镌刻者以铁刃对硬木，凭韧腕健掌，心游意走，竟在筋性难驯的黄花梨木上复现出柔湿毛笔在宣纸上断连飞白的奇妙效果，钩提点划，神韵毕现，令人瞠目叹赏。

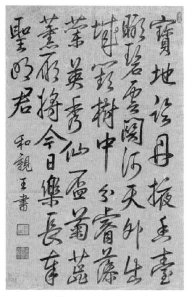

辽宁博物馆藏和亲王草书

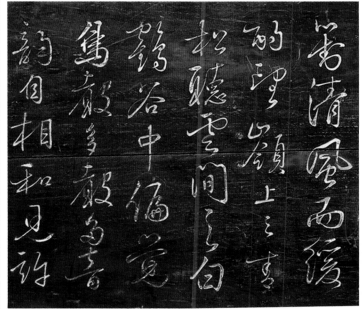

镌刻诗文局部

考雍正十一年（1733年），为使佛教宝典《大藏经》"不至简错字讹，疑人耳目"[1]，诏旨于北京贤良寺设藏经馆，由庄亲王允禄与和亲王弘昼叔侄主持雕版重刊。又据朱家溍先生偶读宫档所得，和亲王亦曾主持武英殿修书处，因之有乾隆九年奏请销熔武英殿铜活字以铸造铜钱与陈设铜器之举。而自宋代帖学大兴以来至清，与之相随，手书上版摹刻之技也发展至出神入化之境，书法韵致，虽点滴些微，也追求纤毫不爽地再现于木版上。由此推断，和亲王既雅擅书艺，又曾参与藏经馆与武英殿修书事，或直接或间接地得识当时宫内外一众镌字艺术高手，自在情理之中。以此件床围上草书刻写之美伦传神，当出自彼辈中身怀绝技者。

这套床围上的雕饰特别引人注意，三面床围内侧皆铲地浮雕衬托海水云气的翼龙。带翅翼龙，即"应龙"，始于汉代，常见于汉玉器、漆器和青铜器金银错上，但在檀梨家具上以翼龙为纹饰者，目前尚未见到，此床围或为存世孤例。

背围正中央雕刻正面翼龙形象，面貌威严，羽状翼，通体鳞片，鱼尾，怀抱一"珠"。此形象可在同期瓷器上见到，如清雍正 斗彩龙纹盖罐，盖上龙姿与此相似，盖身为翼龙同样是羽状翼。再如清雍正 青花穿花龙纹大盘，盘心画正面应龙，但是"五爪蝙蝠翼类"，且是卷草尾，展翅腾飞，作誓取火珠之状。

古代瓷器上的翼龙形象，无论是羽状翼还是蝙蝠翼，都基本是从传统龙尾演变为卷草纹尾，很少出现和亲王床围子上的鱼尾，目前尚未查到鱼尾翼龙的其他实例。结合龙戏海涛的纹饰，是否可以认为鱼尾翼龙隐含鱼化龙之意，寓意地位高升？

背围正龙左右两侧及侧围子上，则分别雕刻两只戏珠的侧面翼龙形象，与正龙同，皆一手持斧，一手持磬，寓意"福庆"，此意显然。但是背围子上正龙两侧的两轮太阳，却令人颇为费解。

考雍正时期的太阳纹饰，在现存实物中可查一对斗彩"如日方中"高足杯，巧匠于杯外绘一轮旭日，在云彩中徐徐升起，寓意旭日高升，祥瑞之意不言而喻。和亲王是雍正皇帝命名的"旭日居士"，那么背围子上的两轮太阳是否寓意旭日高升？若真为此意，那么图案则与背面闲章中的"旭日居士"产生呼应。然而，若仅仅是表达高升之意，一轮太阳足矣，两轮是否有更深层的含义呢？

众所周知，雍正有十个儿子，但大部分夭折，仅剩弘时、弘历、弘昼三个成年，后弘时也过世，便只有第四子弘历与第五子弘昼有继承皇位的可能，在争夺皇位的过程中，两人关系十分复杂微妙[2]。按清制，某后妃生了孩子，必须交给另外的妃子抚养，避免母子关系过于亲密而联合起来有所企图，抚养和亲王的恰恰是乾隆的生母[1]，乾隆又被别人

---

① 《乾隆版大藏经》，（又名《清藏》、《龙藏》），中国书店出版社，2008年。清代官刻汉文大藏经，1733-1738年刻制，初印104部，颁赐各地禅院。至民国年间，又陆续刷印了数十部，共印行150余部。
② 《启功口述历史·我所知道的乾隆与和亲王》，北京师范大学出版社，2004年，第11页。

所抚养。其实，弘昼只比弘历晚出生一个时辰，这却决定了他们终身的兄弟地位和君臣地位。那么，这两轮太阳是否寓意几乎不分先后的兄弟关系？进而引申出弘昼对君臣关系的不满？据《启功口述历史》写道：弘昼其实"对自己只比乾隆晚生一个时辰而没能当上皇帝始终耿耿于怀，……日久天长，他的心理难免有些变态。再加上自小受到太后的宠爱，有恃无恐"②。在自己的罗汉床上雕刻两轮太阳，似乎符合和亲王的脾气秉性。

古代文献资料对翼龙内涵的梳理如下：《山海经·大荒北经》中写道："蚩尤作兵伐皇帝，皇帝乃令应龙攻之冀州之野"，其中，翼龙为王者帮侍。东汉史学家班固在《汉书·叙传》第七十中记述："应龙潜于潢污，鱼鼋媟之，不睹其能奋灵德，合风云，超忽荒，而躆苍也。故夫泥蟠而天飞者，应龙之神也；先贱而后贵者，和、随之珍也；时暗而久章者，君子之真也"，在此，翼龙为先贱后贵、奋发崛起的真君子。陈寿著《三国志·吴书·吾粲传》曰："迁会稽太守，召处士谢谭为功曹，谭以疾不诣。粲教曰：夫应龙以屈伸为神，凤凰以嘉鸣为贵，何必隐形于天外，潜鳞于重渊者哉？"指出应龙是因为能屈能伸才成为神灵的，为什么一定隐藏于天外，潜伏鳞甲于深渊中呢？至康熙年间东轩主人著《述

清雍正 青花穿花龙纹大盘，"大清雍正年制"款，香港苏富比2012秋季拍卖会

异记》卷又写道："水虺五百年化为蛟，蛟千年化为龙，龙五百年为角龙，千年为应龙。"可见，翼龙是经千年才修炼而来。

清代宫廷家具，是在皇家造办处指导下由工匠按旨完成，因此这件罗汉床也一定是在和亲王的指挥下做就，代表了和亲王的思想。那么，床围上的纹饰到底是寓意自己"旭日居士"的身份，还是对自己身为臣子的不满心理的补偿，确为我们留下一个很有意思的谜。

王世襄先生曾为此床围书写跋识，其中写道："残存床围，三面镌弘昼草书，字径逾寸，神采而有法度，所书皆纵情山水，寄兴笔墨语。末谓'得此乐者甚稀，其不为外物移其好者，又特稀。余颇知此趣，恨字体不工，不能到古人佳处。若以为乐，则自然有余'。率真而能道出其情趣，弘昼为艺术家，愈信而有征矣。"评价极高。

①　《启功口述历史·我所知道的乾隆与和亲王》，北京师范大学出版社，2004年，第12页。
②　《启功口述历史·我所知道的乾隆与和亲王》，北京师范大学出版社，2004年，第14页。

清世宗胤禎第五子弘晝清史稿卷二百

二十有傳稱其少驕抗上每優容之性尠後雍邸舊貲上悉以賜之故富於他王好言喪儀謂人無百年不死者吳謔為嘗手訂喪禮坐庭際使家人祭奠哀泣岸然飲啖以為樂臨喘著靈錄卷六和王預凶一則亦言其性驕奢曾以微故毆果毅公訥親於朝又謂其嗜弋腔曲文將琵琶荊釵諸舊曲皆翻石弋調演之露皆掩耳廄間而王樂之不疲並作諸紙器而鼎彝盤盂等物陳於几榻間此代古玩余嘗睹其一紙鑑仿定窯式而之微過之宛然如瓷物示一巧必據右可知弘晝固騙恣乖僻而耽愛音樂戲曲工藝製作實一藝家也家青老筆偶得殘存淋圜三面鏡（所）弘晝草書字徑逾寸神采而有法度所書此縱情山水寄興筆墨諸末謂得此票者甚稀其不為外物移其好者又特稱余頗知此趣恨字體不工不能到古人佳處若以為樂則皆信口水詩道出其情趣弘晝為藞自然有餘卒真而你道出其情趣弘晝為藞家愈信而有微矣己卯冬月暢安王世襄

终王世襄先生一生，仅为两件古代家具题写过跋文，此黄花梨床围残件为其中之一，对之珍视若此。

二十年多前此罗汉床被发现时，只剩床围残件，微有小伤。因其分量殊为沉重，且外呈紫檀色，皆以为是紫檀材质，朱家溍先生跋语："吾友凹凸斋主人，于市肆得旧紫檀床残件，而床围三面皆存有和亲王题识，今主人觅紫檀大材，倩名手沿其原式配置所缺物，今已复旧观，诚绝代佳器也。"其后才知，乃黄花梨厚板所制，因其油性高，故在重量上几与紫檀器相当。清代崇尚紫檀，无论宫廷抑或民间的黄花梨家具，常有通体染黑以仿紫檀之色。这套床围便是典型案例。

武英殿聚珍版叢書卷首乾隆御製
詩注謂修書事銅活字已鑄錢不得已
而用木活字云云尺言版本之學咸遵此
說余偶讀乾隆年間奏銷檔於無意中
得知和親王掌武英殿修書事時未經請旨
擅將銅活字鎔鑄銅獅銅爐等陳設器物云々
按清史稿和親王傳稱其少驕抗上每優容
之然則所謂鑄錢者乃縱而為之詞亦優容
之一端耳 吾友四凹齋主人於市肆得舊紫檀床
殘件而床圍三面皆存有和親王題識今主人
覓紫檀大材倩名手沿其原式配製所物今
已復舊觀誠絕代佳器也
己卯仲冬
四凹齋主人屬
朱家溍題

田家青先生为复原全器，曾为床围设计了三个不同风格的床身，并配造了其中一具，使今人得以看到一件完整的罗汉床，领略王府用器的风采和气度。

唐宋人文赋，和亲王法书，大匠行镌雕，家青配床身，洵可谓古今艺术家隔代合作的典范。

有题识的古代家具一览表

序号	年代	名称	铭文	现藏地点
1	清初	紫檀插肩榫大画案	案牙："昔张叔未藏有项墨林棐几、周公瑕紫檀坐具，制铭赋诗锲其上，备载《清仪阁集》中。此画案得之商丘宋氏，盖西陂旧物也。曩哲留遗，精雅完好，与墨林棐几、公瑕坐具并堪珍重。摩挲拂拭，私幸于吾有夙缘。用题数语，以志景仰。丁未秋日西园㜗侗识。"	上海博物馆
2	1745年	清汪廷璋铭木胎漆琴几	案面左侧靠案边刻楷书铭文三行："饰本□车，制规玉几，实式冯之，云蒸霞起。匪朝伊夕，左图右史，时一横琴，偶然酌醴。爰此离明，文之极轨。用诒子孙，曷以钦止。皇清乾隆十年，岁在乙丑夏，汪廷璋铭。"	扬州博物馆
3	明末清初	木胎紫漆描金山水花卉纹五抹门大圆角柜	左右柜门各题诗，左为："挂席东南望，青山水国遥。舳舻争利涉，来往接风潮。问我今何适？天台访石桥。坐看霞色晓，疑是赤城标。"（孟浩然《舟中晓望》） 右为："一宿金山寺，微茫水谷清。僧归在禅月，日出晓塘云。树影中楼见，钟声两岸闻。因彼在城市，终是醉醺醺。"	苏州东山仓库
4	清	紫檀嵌螺钿花卉纹长桌	前后面沿牙条中间阴刻填金张照题诗及款识："斜枝浅水际，幽谷得生香。""一枝风物便清和，看尽千林未觉多。结习已空从著袄，不须天女问云何。""经霜争艳丽，有节得清风""天教桃李作舆台，故遣寒梅第一开。凭仗幽人收艾纳，国香和雨入青苔。"落款"张照""天瓶居士""得天"。左右侧牙条分别题写："人去残英满酒樽，不堪细雨湿黄昏""夜深那得穿花蝶，知是风流楚客魂"。	故宫博物院
5	清中期	紫檀刻书画八屉画桌	四面满刻钱维城、刘墉、汤贻芬、南沙老人、金农、郑板桥、蒋廷锡等名家题词及绘画。 诗文疑为后刻，若为原设计应预留出镌刻诗文的空间。此件诗文爬满桌腿、面沿、横枨、抽屉脸等部位，甚至矮老上也满刻，较为拥挤，很像是就已有的空间施刻。（王世襄、朱家溍先生亦持此观点。）	非清宫旧藏，但现在藏于故宫博物院
6	1595年	黄花梨铁力面心夹头榫小画案	一足上部刻篆书铭文："材美而坚，工朴而妍，假尔为冯，逸我百年。万历乙未元月充庵叟识。"	南京博物院
7	1640年	铁力大翘头案	面板底部中央："崇祯庚辰仲冬制于康署"	故宫博物院
8	清中期	紫檀顶箱大柜成对	柜门内刻有铭文款识："大清乾隆岁在乙巳秋月制于广东顺德县署，计工料共费银三百余两，鹤庵冯氏识。"	私人藏

世宗、高宗实录中关于弘昼的资料目录

大案载道

——田家青设计制作大案

高山

中国古典家具中，当属文人使用的大画案身份最高，也最难造好。尤其用材宽厚、造型创新的巨型大案，不仅造型和结构设计很难，最考验人的还是比例关系的把握和拿捏。而气魄恢弘的巨大画案，承载着设计者的个性与情怀，更是其艺术修养、气质和境界的准确体现。

田家青喜制大案，自从20年前与王世襄先生合作第一件花梨木大画案，至今已设计打造了多件被业内公认为极品的巨器。每一件巨制，都是智慧与意志的挑战，凝聚着他的心血，也是他创作之路上的一座座里程碑。

还是从1995年与王世襄先生共同设计的那张赫赫有名的花梨大案说起，王先生形容"大木为案，损益明斯"，"庞然浑然，鲸背象足"，其点睛之句"世好妍华，我耽拙朴"，言简意赅地表述了王老的审美观和超凡脱俗的境界，同时使此案成为一件承载了人的思想的艺术品。王先生还特为大案作案铭，并将手书案铭镌刻在大案的牙子上。这具大案也成为王老毕生最喜欢的一件稀世重器。

王世襄、田家青1995年设计制作花梨大画案

《自珍集》是王世襄先生的倾心之作（三联书店，2003 年出版），其中收录了王老一生收藏的包括几十件珍贵明代家具（现藏于上海博物馆）在内的几百件艺术品，而他将此案选中，作为此书的封面，可见对其之珍爱。王老在书中写了使用大案的感受："横置室中，稳如泰山。既可高叠图书压不垮，展开长卷任挥毫，真是快哉！快哉！"

也正是这次与王世襄先生一同打造这具被尊称为"中华第一大案"的契机，推动了田家青在学术研究之外的家具设计和制作领域的新事业，并确立了"将家具看作承载人思想的艺术品"的设计制作定位。

世象鲸浑庞吾乃运椎明损为大
好足背然然屋陈斤尝断益案木

王世襄先生为大案撰写、由高手付家声镌刻在大案牙子上的铭文拓片（付万里手
拓），此案是一件承载了人的思想的杰出艺术品。

其实，与王老合作花梨木独板大画案时，田家青认为大牙子的式样应该裹圆，这样才与圆形腿足"交圈"，但王世襄先生坚持制成平直的，到最后田家青才明白原来王老是为了在大牙子上镌刻铭文。而田家青的裹圆牙子设计，是从家具本身的形式语言出发的。所以到了 2012 年他还是决定将当年设计的大案样式付诸实践。新制大画案，厚重开阔，腿足又如此之壮，四腿八挓，极有气魄。大牙子裹腿做，与圆足及裹圆的案面相呼应，完美"交圈"，和谐统一。另外此案面左右两抹头刻有铭文。此案与上述大案可谓相得益彰。

刻铭文画案

长294厘米　高82厘米　进深95厘米

1996年设计，2012年制作。

圆腿云头大画案

长255厘米　高83厘米　进深89厘米

1997年设计，2000年制作。

　　另一件圆腿大画案，为云头式，同样继承明式家具风格。大案壮硕，四腿八挓，雄伟有气势。可以方便地拆分为13个部件，以便搬运，大案的组装也很容易，两组腿足之间的距离也可根据使用者的方便自由调整。

进入21世纪，美国麻州塞勒姆镇皮博地埃塞克斯博物馆（Peabody Essex Museum）邀请全球21位艺术家每人设计一件具有中国风格的当代家具，想以家具的形式展示出人类进入21世纪的精神和思想面貌，田家青是受邀者之一。稍后，皮博地埃塞克斯博物馆馆长来看展品时，田家青原本想展出一件以传统榫卯结构与现代造型风格相结合的坐具，然而馆长却发现旁边放着一件接近4.5米长的花梨独板架墩式大画案。他被大案具有的震撼之美所征服，用手按在上边，坚持要将此件大案作为展品。

大案于2002年设计，2005年完工，以方直为主体造型，极具气魄！它由一个花梨独板案面和两只方形架墩组成，简洁大方，通体敦厚，是对传统大架几画案的大胆拓展。王世襄先生见到后，十分赞扬，并为其取名为"卧龙大案"。

田家青有点舍不得，向馆长提出此画案太庞大，恐怕进不去博物馆，搬运也费劲。不料馆长就是相中了这具"卧龙"，说它能代表现代的中国精神，就是砸墙也要搬进去，更不怕运输费劲。果真，皮博地埃塞克斯博物馆砸掉二楼墙壁，为"卧龙"敞开大门，使其参展。闭展后，"卧龙大案"在美国和加拿大又巡展一年多，每个展览都将其放在最显著的位置，"卧龙"成为整个展览中的一件重器，备受瞩目。

之后的另一件"圆包圆"裹腿紫檀架几大画案，则更富创新。行话说"紫檀无大料"，而田家青有幸或说天缘获得一块很长的珍贵紫檀大料，于是他毫不迟疑地制作了这件造型浑圆敦厚的紫檀巨器。此案长过三米，是迄今为止已知出版物中紫檀几案类家具中尺寸最大者。自2000年面世后，如今各处都见仿制品，可见此器之经典性和成功。

具有震撼之美的"卧龙大案"

田家青很满意的设计作品——紫檀架几大画案，此案自1998年面世以来，被大量仿制，甚至家具展览会上被仿制成巨案置于前厅，但仿品大多很僵硬，与真品相去甚远。对此，田家青在对其《明韵》一书中附上制作图纸配有说明："手工制作中式家具实际是艺术的再创作，制作图纸如同乐谱，相同的一首歌，一人会唱出一个味，高下不啻有天壤之差。木匠制作的家具是否有神气，说到底取决于个人的艺术修养，而不是图纸和手艺，最可怕的是眼低手高，出匠活，再好的设计也会制得失神，且'唯俗最不可医'。"

另外一件架几式大画案是极简的现代风格，座墩和案面大边用紫檀制作，案面面心板为非洲花梨木整板。两种材料发挥各自所长，完美结合，在色彩上亦能和谐悦目。此画案造型刚直，线条错落有致，格调文雅，具空灵、静穆闲逸之趣。

檀香紫檀棂格打洼式大画案

长313厘米　高83厘米　进深77厘米

2009年设计制作

2009 年制作完成一件堪称"向清宫造办处工匠致敬"的大案：架墩式雕拐子纹大画案。此案自 1998 年就开始构思设计，借鉴了清代宫廷家具常用的装饰题材——"拐子纹"，既吸收了"拐子"中规中矩的特点，又不过分繁复，而且使座墩按照完美比例分成上下两部分，由此增加了视觉上的变化，厚重不呆板，庄严不沉闷，是在清代宫廷家具基础上的一个创新。清代宫廷家具为皇家御用，由于古今审美观的差别及环境的变化，与现代生活风尚有一定距离。如何在其基础上继承发展，使之成为今人所接受的艺术品，是作者多年探索的题目。此架几画案是用紫檀木与花梨木搭配制作的巨器，工艺精湛、高贵气度而不俚俗。

架墩式雕拐子纹大画案

长311厘米　　高83厘米　　进深90厘米

2009年制作完成

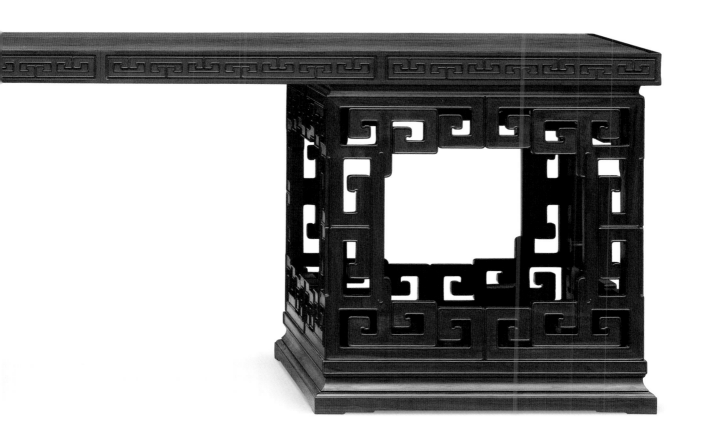

当然，田家青并非只用名贵的紫檀和花梨来制器。高境界的创意并非只是好木料才能做到，关键有二：首先，会考虑木料的个性；其次，按其个性打造家具。比如铁梨木料，纹理粗直，虽然价廉，但用来制风格朴厚、狂放的家具，远比任何名贵木料更合适。

十几年前，田家青偶遇一对三米多高的广东清代铁梨木大门，还外带几根柱子般粗壮敦实的原配顶门杠。它们因饱经风霜而凝重古朴。见之瞬间，灵光即现，一件圆腿大案就浮现在田家青的脑海中。于是当即买下，运回后在门板上画了个草图就开工了。门板做案面，顶门杠做腿足，一切顺理成章。只是为了最大限度地保留百年旧物的包浆，费了些心思。成器后，大案近三米长，坚实稳重，重过百斤，由五个部件组成，都是活插的，拆装便利。观此案，造型完美，犹存古韵，可令人的心灵得到舒解，它也因造型关系完美至极，而成为一件被传颂的名器。田家青对这件颇具古韵的"急就章"大案十分得意，犹如草书的急就章，最能反映出作者的内在功力。

铁力木独板"急就章"大案

长290厘米　高83厘米　进深70厘米

有了超越性的探索，田家青打开了思路，开始在各个方面都突破常规地创新发挥。例如：自古就有"人分三六九等，木分紫檀花梨"之说，而到了2005年田家青却创造了一具承载了一反世俗理念的长近3.5米的大案，案面用铁梨巨材打造，架几以名贵紫檀制成。田家青希望通过两种木料配制的家具表达出他对这一传统势利之辞的蔑视和厌恶。他想传达一种理念：人不应有高低贵贱之分，如书法作品的高低也不以纸的贵贱而定，木料和纸都不过是艺术形式的载体，用普通木料同样可以打造出有品位的家具。两种木料搭配制作的大案，还可启示观者：世界和社会是由多元支承的，为人应宽厚，处世要豪爽。

当时89岁的王世襄先生已不怎么出门了，但经常询问田家青又做了什么家具，田家青告诉了他此案的理念，王老很感兴趣，让田家青带照片来让其观看。王老看过照片后当时没说什么，过了些天他说你来一趟吧，我写了个东西，你来看看。竟是一则案铭，曰："紫檀架几铁梨面，莫随世俗论贵贱。大材宽厚品自高，相物知人此为鉴！"因高龄王老的书写出现微微颤抖的痕迹。王世襄先生做事严谨，有感才为，一生中仅撰写过七则案铭，其中六则都是为田家青之大作而题，此为其一，也是最后的一则。

2013年田家青亦将非洲乌木与铁力木结合，打造结构简洁、现代感强烈的现代大案，

铁力乌木架墩翘头大画案

长286厘米　高80厘米　进深83厘米

如新作"架墩翘头大画案",两个架墩和两端翘头,使用非洲乌木;独板案面,俗称"一块玉",为上乘铁力木,花纹美观,整板无瑕疵,果真如一块玉。深沉乌木与浅色铁力,和谐搭配,线条明快,极富现代气息。

理石面的大画案也是田家青的一个探索，2009年他设计了一件理石面架几大画案，案面镶嵌大尺寸整片理石板，板材无暇，天然生成的石纹富有现代感。明清家具中常见有图案的理石作为案面的实例，但理石图案多为象形的动物、山水纹，而如此有现代感的刚直线条则十分少见。画案简约，空灵，文气，陈设于书房有大气之美感。其新近之作"理石面罗锅枨双墩大画案"也是一例，案面嵌理石板，纹理顺直，清新明亮，富现代气息。

大案壮硕，气魄粗犷，四腿八挓，落地沉稳扎实，罗锅枨下又设底枨，呈现出建筑的大气之美。大案选材花梨木，造型大方，风格简约，得明式家具精神。此案虽大，但可以拆卸，搬运和组装并不费力。

中国古代家具与建筑，分属小木作和大木作，有各自的发展脉络，但又相互影响，尤其建筑对家具的影响更大，此案就是继承这种传统创新设计而成。

理石面罗锅枨双墩大画案

长297厘米　宽122厘米　高82厘米

罗锅枨双墩大画案

长297厘米　高82厘米　进深122厘米

大案壮硕，气魄粗犷，四腿八挓，落地沉稳扎实，罗锅帐下又设底枨，借鉴了建筑的大气之美。大案选材花梨木，造型大方，风格简约，得明式家具精神。此案虽大，但可以拆卸，搬运和组装并不费力。

2007 年，香港设计营商周（Business of Design Week）邀请了田家青等全球十位主讲人。其中有解构主义建筑师扎哈·哈迪德（Zaha Hadid）、前卫时尚的产品设计师马克·纽森（Marc Newson）。会议在香港会展中心，来自包括不少中国人在内的上千名设计界精英参加，这是世界最独特和最具参与性的设计界盛会。当今设计的主流是追求"新""奇""炫"，基本是快餐式消费。而田家青一反潮流，落脚于"崇敬自然、善待自然"的绿色环保设计理念，提出"因材设计是最应倡导的设计，如此设计出的作品，若能永久时尚而且实用，成为永恒，并被世代喜爱、收藏和使用，才是高境界的设计，也是其追求的方向。"

在设计界追求标新立异之风时，田家青坚持勤俭节约、充分利用资源的思想和做法，让台上台下的业内精英们为之深思。设计分几个层次：初级设计为形式上的设计（design），是造型上的变化。更高一级则是能有创新（Creation），田家青认为高境界的设计应实现理念上的创新。他是这么说，也是这么做的，如后来在 2011 年，德国施坦威公司（Steinway and Sons）邀请田家青设计一架特别纪念版钢琴，他将中国的制器思想和古琴的理念融入西方的钢琴，第一次将强调意韵的明式家具与强调音响功能的钢琴，在理念上有机结合，获得了特别的好评，且为西方诸多文化艺术产品与中国设计的结合开创了新思路。

巴西花梨木独板大画案

长368厘米　宽84厘米　进深98厘米

到了 2014 年，田家青又有了新动作：他和艺术家徐冰共同创意，由他构思造型设计，徐冰作铭题跋的一件的有现代思想作品，非洲花梨木大案，命名为"方圆之间"大画案.可谓是一件当代终极大案，此案长 410 厘米，宽 100 厘米，高 82 厘米，棱角分明的独板方材为案面，传统设计中经典的椭圆材为腿足、前案面正面镌刻徐冰书写的英文书法 Harmonious blend with nature—Xu Bing to Jia Qing. Two thousand fourteen"，寓意"最懂与自然配合之道"。非洲花梨木飞云流瀑一般的自然纹理正是对此理念的直观展现。这件大案以"天方地圆"的结构颠覆了固有模式，极具气魄传统元素的重新组合赋予了它新时代的气息。

《方圆之间》大画案

长410厘米　宽82厘米　进深100厘米

案面立面镌刻案铭

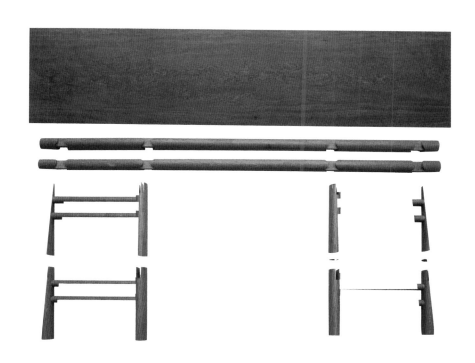

花梨独板大案

长437厘米　高92厘米　进深58厘米

用材结合方面的创新，只是其一，更为重要的是设计的创新，这是当代人制作古典家具的原动力和灵魂所在。"巴西花梨木独板大画案"在腿足上的创新，特别值得关注。两组腿足各由四根方材形成，其下安台座式托子，这在古典家具中实属罕见。台座式托子增加了大案的稳重感，与整体的凝重风格和谐统一。此案采用巴西花梨木，用材重硕。大器引人注目的是整体，而此案的细节亦毫不含糊。其纹饰简洁，唯牙头浮雕拐子纹。边抹与腿足中间均起"一炷香"线，典雅而不烦琐，是真正得古典家具韵味的创新之作。

再说一件田家青将"惜料如金""精打细算""量材设计"发挥到极致的神奇案子。15年前，田家青得到一块 0.18 立方米的花梨木大板。其色泽橙黄，十分特殊，难以与其他花梨料相配。于是他以惜料如金的精神，尝试以"吃干榨尽"的方式做一件尽可能大的家具。为了这个"最大化"的美好目标，田家青推翻了一个又一个方案。不仅要考虑造型之美观和结构之合理，还要兼顾木料尺寸的既定条件，加之木材天然的疤痕与开裂等制约，真是一块料难倒英雄汉。可是，英雄汉就是不甘心，自己跟自己较劲了两年多之久！天道酬勤，田家青在"精神崩溃"之前确定了最终方案。0.18 立方米的一块木料，竟成就了一件长达 2.72 米的搭板式画案！

相关介绍和图片可见《明清家具鉴赏与研究》（田家青著），文物出版社，2003 年，17 页，图 16。

附录：田家青著书、宣传册清单

清代家具 修订本	书号：ISBN 978-962-04-3079-4 书名：清代家具（修订版）繁体 作者：田家青 出版日期：2012年7月 装帧：精装 开本：8开 版次：1-2 分类：木材加工工业、家具制造工业 出版社：三联书店（香港）有限公司	推介语 这是第一部关于清代家具的学术专著，研究、著述从填补尚付阙如的空白开始，并能达到如此规模，值得赞贺！ ——王世襄
清代家具	书号：ISBN 978-9-6204-1282-0 书名：清代家具（繁体版） 作者：田家青 出版日期：2003年7月 装帧：精装 开本：8开 版次：1-3 分类：木材加工工业、家具制造工业 出版社：三联书店（香港）有限公司	推介语 1.该书为王世襄先生《明式家具珍赏》的姊妹篇；香港三联书店1995年出版，2012年香港三联书店和文物出版社联合出版修订版。 2.学术界公认权威之作，深受青睐，数次再版，并被译为英文版，全球发行。 3.清代家具收藏和研究的开拓和里程碑之作，该书的出版带动了清代家具收藏市场。
清代家具 修订本	书号：ISBN 978-7-5010-3423-9 书名：清代家具 作者：田家青 出版日期：2017年5月 装帧：精装 开本：8开 版次：1-2 分类：木材加工工业、家具制造工业 出版社：文物出版社	推介语 这将是一部开创清代家具学科的专著。 ——苏士澍（文物出版社原社长）
CLASSIC CHINESE FURNITURE of the QING DYNASTY TIAN JIAQING	书号：ISBN 978-9-6204-1361-2 书名：清代家具（英文版） 作者：田家青 出版日期：1996年 装帧：精装 开本：8开 版次：1-1 分类：木材加工工业、家具制造工业 出版社：三联书店（香港）有限公司	推介语
明清家具集珍 NOTABLE FEATURES OF MAIN SCHOOLS OF MING AND QING FURNITURE	书号：ISBN 978-9-6204-1900-3 书名：明清家具集珍 作者：田家青 出版日期：2001年7月 装帧：精装 开本：特8开 版次：1-1 分类：材加工工业、家具制造工业 出版社：三联书店（香港）有限公司	推介语 近年来，陆续见到了一些较为精美或十分特殊的明清家具，他们年代较早，形制奇特，有的做工精良堪称极品，只因被分散地珍藏在世界各地的文博机构而不易为公众所见。此次联合三联书店和Christie's和众藏家合力相助，终将其中十几件，以高水准的摄影和编辑印刷予以出版，展现其风采于世，以作以往明清家具著作之补遗。

	书号：ISBN 978-7-5010-1495-0	推介语
	书名：明清家具鉴赏与研究	本书汇集了作者自1988年以来发表的十篇论文，这些论文涵盖了明式家具评价和鉴赏，清代宫廷家具的起源、制作和家具修复，木工工具等方面内容，具有一定的深度和广度。书中收录明清家具实物照片、效果图、复原图、线图等共计280余幅，并对原已发表的文章插图做了较多的更换和增补。书后附录的乾隆朝"活计档"中关于家具制作的条目，为研究清代家具提供了珍贵的文献资料。
	作者：田家青	
	出版日期：2009年8月	
	装帧：精装	
	开本：8开	
	版次：1-2	
	分类：木材加工工业、家具制造工业	
	出版社：文物出版社	
	书号：ISBN 978-7-5010-1853-7	推介语
	书名：明韵——家青制器	
	作者：田家青	
	出版日期：2006年3月	
	装帧：精装	
	开本：6开	
	版次：1-1	
	分类：木材加工工业、家具制造工业	
	出版社：文物出版社	
	书号：ISBN 978-7-5010-1865-9	
	书名：明韵——家青制器（英文版）	
	作者：田家青	
	出版日期：2006年5月	当今恐怕没有多少人这么认真出书了。——王世襄
	装帧：精装	1.香港三联书店和文物出版社联合出版。历经一年时间悉心打造，版式设计考究，是一部特别精美的大型图书。
	开本：6开	
	版次：1-1	
	分类：木材加工工业、家具制造工业	
	出版社：文物出版社	
	书号：ISBN 978-7-5010-1864-2	2.此书共有香港三联书店中文繁体字版，英文版；文物出版社中文简体字版，英文版；文物出版社特装限量编号珍藏本，共五个版本。
	书名：明韵——家青制器（特别版）	
	作者：田家青	
	出版日期：2006年3月	3.特装限量编号本为玛瑙丝光铜版纸精印，500函限量纪念本，每函钤文物出版社印鉴及序号，以260线精印，德国彩虹高级织布书皮。
	装帧：精装+盒	
	开本：6开	
	版次：1-1	5.王世襄先生题写"明韵"二字，田家青先生签名钤印，值得珍藏。
	分类：木材加工工业、家具制造工业	
	出版社：文物出版社	
	书号：ISBN 978-9-6204-2539-4	
	书名：明韵——家青制器（繁体版）	
	作者：田家青	
	出版日期：2006年3月	
	装帧：精装	
	开本：6开	
	版次：1-1	
	分类：木材加工工业、家具制造工业	
	出版社：三联书店（香港）有限公司	

	书号：978-7-5010-3146-7	推介语
	书名：颐和园藏明清家具	
	作者：田家青	1.明黄色绸布面精装，大开本、大图版，精致印刷。2.收录六十件明清家具精品，每件均附多张局部图片，完美展现细部特征。3.《颐和园藏明清家具》（聚珍版）为大幅面散页特别装，制作考究，精美函套，市面少见。
	出版日期：2011年3月	
	装帧：精装	
	开本：8开	
	版次：1-1	
	分类：收藏	
	出版社：文物出版社	
	书号：978-7-5010-3147-4	推介语
	书名：颐和园藏明清家具（聚珍版）	
	作者：田家青	
	出版日期：2011年3月	
	装帧：精装	
	开本：8开	
	版次：1-1	
	分类：收藏	
	出版社：文物出版社	
	书号：ISBN 978-7-5010-3229-7	推介语
	书名：颐和园藏明清家具（英文版）	
	作者：田家青	
	出版日期：2011年3月	
	装帧：平装	
	开本：8开	
	版次：1-1	
	分类：木材加工工业、家具制造工业	
	出版社：文物出版社	
	书号：ISBN 978-7-5010-1969-4	推介语
	书名：紫檀缘:悦华轩藏清代家具与珍玩	
	作者：田家青	
	出版日期：2007年1月	
	装帧：精装	
	开本：8开	
	版次：1-1	
	分类：木材加工工业、家具制造工业	
	出版社：文物出版社	
	书号：ISBN 978-7-5010-1970-0	推介语
	书名：紫檀缘:悦华轩藏清代家具与珍玩(英文版)	
	作者：田家青	
	出版日期：2007年1月	
	装帧：平装	
	开本：8开	
	版次：1-1	
	分类：木材加工工业、家具制造工业	
	出版社：文物出版社	

	书号：4096995916	推介语
	书名：钓鱼台国宾馆美术集锦	
	出版日期：1997年7月	钓鱼台国宾馆的各类藏品均以清代为主。本
	装帧：精装	书即是钓鱼台国宾馆美术品之大成，又有所
	开本：8开	侧重，得到了国内著名的文物鉴定专家的大
	版次：1—1	力支持和帮助。此书由钓鱼台国宾馆与日本
	分类：木材加工工业、家具制造工业	小学馆合作出版，在摄影、编辑、装帧、印
	出版社：日本株式会社小学馆	刷等方面堪称一流。
	书号：ISBN 978-7-0201-4592-8	推介语
	书名：和古典音乐在一起的时光	
	作者：田家青	
	出版日期：2018年6月	
	装帧：精装	
	开本：6开	
	版次：1—1	
	分类：	
	出版社：人民文学出版社	
	书号：ISBN 978-7-8004-7676-1	推介语
	书名：盛世雅集——中国古典家具精品	
	作者：田家青	此书为"2008年中国古典家具精品展"中展
	出版日期：2008年1月	示的藏品图集，书中收录的60件展品来自十
	装帧：平装	几位海内外古典家具研究学者和藏家，多是
	开本：16开	首度公开的藏品，是中国古典家具研究领域
	版次：1—1	的重要文献资料。
	分类：木材加工工业、家具制造工业	
	出版社：紫禁城出版社	
	书号：ISBN 978-0-1994-4054-2	推介语
	书名：和王世襄先生在一起的日子	
	作者：田家青	
	出版日期：2014年6月	
	装帧：精装	
	开本：16开	
	版次：1—1	田家青从游王世襄先生三十余年，亲炙其
	分类：回忆录 中国 当代	深厚学养和大家风范，所记皆为第一手材
	出版社：牛津大学出版社	料，文字流畅易读，京腔韵味浓郁，人物刻
	书号：ISBN 978-7-1080-5417-3	画灵动，幽默笔触中浸出深厚情意。书中所
	书名：和王世襄先生在一起的日子(珍藏版)	载三十年来文博收藏界的风云流散，王世襄
	作者：田家青	夫妇不折不从、雍容达观的处世境界，以及
	出版日期：2015年8月	日常生活点滴中所流露之美学趣味和独到见
	装帧：精装	解，都让人印象深刻，回味不已。同时，这
	开本：16开	也是一部励志之书。
	版次：1—1	
	分类：回忆录 中国 当代	
	出版社：三联书店	

		推介语
	书号：ISBN 978-7-1080-5013-7	
	书名：和王世襄先生在一起的日子	
	作者：田家青	
	出版日期：2014年6月	
	装帧：平装	
	开本：16开	
	版次：1-1	
	分类：回忆录 中国 当代	
	出版社：三联书店	
	书号：ISBN 978-7-6204-2539-4	推介语
	书名：明韵II——田家青设计家具作品集	
	作者：田家青	
	出版日期：2018年	
	装帧：精装	
	开本：12开	
	版次：1-1	
	分类：木材加工工业、家具制造工业	
	出版社：文物出版社	
	书号：ISBN 978-7-5010-5769-6	推介语
	书名：明韵II——田家青设计家具作品集	
	作者：田家青	
	出版日期：2018年	
	装帧：平装	
	开本：12开	
	版次：1-1	
	分类：木材加工工业、家具制造工业	
	出版社：文物出版社	
	书号：ISBN 978-988-78617-2-0	推介语
	书名：深藏若虚：退一步斋藏明式黄花梨家具	
	作者：田家青	
	出版日期：2018年	唯一一本专门论述研究明式黄花梨家具的专著
	装帧：精装	
	开本：8开	
	版次：1-1	
	分类：木材加工工业，家具制造工业	
	出版社：Lilyleaf Limited, Hong kong	

作者简介

田家青，男，1953年出生。多年从事古典家具研究，是享誉海内外的专家。其学术专著《清代家具》（1995年，三联书店（香港）有限公司，中、英文版）是此领域的开创之作。田氏注重理论研究与实践相结合，1996年以来，设计制作具有时代风格的传统家具。